진짜
공부
vs.
가짜
공부

진짜 공부 vs. 가짜 공부

억지 공부에서
자발적 공부로 나아가는 힘

정승익 지음

 mindset

공부도, 인생도
무작정 열심히 해서는
진짜 열심히 노력하는 사람을
이기지 못합니다.

원하는 것이 있다면
무섭게 집중하고 노력해야 합니다.
그것이 안 된다면
스스로에게 물어야 합니다.

'나는 무엇을 위해서 공부하고 있는가?'
'나는 왜 공부를 잘 해야만 하는가?'

거짓 공부를 멈추고, 진짜 공부를 시작하길
진심으로 기원합니다.

EBS 영어강사
정승익

지은이의 말

대한민국 사교육 참여율 무려 80%
하지만 인서울 명문대 입학은 불과 7%

과거에 비해 학생들은 훨씬 더 이른 시기에 압도적으로 많은 양의 공부를 하고 있습니다. 초등 시기부터 학원에 다니면서 영어, 수학을 공부하는 것을 기본이라고 생각하는 가정들이 늘어나고 있습니다. 모두가 공부에 열을 올리고 있는 세상입니다. 대한민국의 초중고 평균 사교육 참여율은 78.3%에 달합니다. 하지만 누구나 입시에서 원하는 결과를 얻을 수 없습니다. 인서울 명문대 입학을 목표로 한다면 상위 7% 수준에 들어야 합니다. 약 80%의 가정이 사교육에 참여하고 있지만, 입시에서 원하는 것을 얻는 가정은 상위 7%에 불과합니다.

단순히 초등 때부터 사교육에 참여한다고 해서 원하는 결과를 얻을 수 없습니다. 입시는 상대평가입니다. 다른 사람보다 더 치열하게 공부를 해야 입시에서 원하는 성과를 얻을 수 있습니다. 최근에는 남들보다 더 빠른 시기에 공부를 시작하는 것으로 이 문제를 해결하려는 가정이 늘고 있습니다. 그 결과가 초등에서의 선행학습의 유행입니다. 미취학에서부터 분수를 공부하고, 영어 유치원을 다니면서 영어를 누구보다 빨리 익힙니다. 정말 이렇게 하면 상위 7%에 들 수 있을까요?

선행의 힘을 인정한다고 해도, 원하는 결과를 얻으려면 우리 가정이 전국 상위 7% 수준의 선행을 해야 합니다. 교육비를 전국 상위 7% 수준으로 쓰거나, 선행의 속도가 상위 7% 수준이어야 선행으로 원하는 입시 결과를 얻을 겁니다. 전국의 어느 가정에서는 이런 식으로 교육의 결과를 얻을지도 모릅니다. 문제는 우리 가정입니다. 우리 가정이 선행으로 상위 7%를 차지할 수 없다면 다른 전략이 필요합니다. 최근에는 특별한 전략 없이 선행에 뛰어드는 가정이 늘고 있습니다. 그런 식으로는 원하는 입시 결과를 얻을 수 없습니다.

요즘 부모님들이 이런 사정을 모르지 않습니다. 우리 가정이 사교육비로 승부할 수 없다는 것도 아시고, 자기주도학습이 중요하다는 것도 아십니다. 그럼에도 불구하고 불안한 마음이 들고, 아이에 대한 믿음이 부족하기 때문에 자녀를 학원으로 보냅니다. 학원이라도 보내지 않으면 집에서 공부에 집중하지 않는 아이의 모습 때문에 부모의 불안감이 가중되기 때문에 결국 학원을 보내게 됩니다. 그런데 잠시 멈추어 생각해 봅시다. 집에서 공부에 전혀 집중을 못하던 우리 아이는 학원에 가서 공부를 잘하고 있을까요? 우리는 이 질문의 답을 사실 알고 있습니다. 집에서 공부 안 하던 아이는 학원에 가서도 공부하지 않습니다.

여러분이 생각하는 공부를 잘한다는 것은 구체적으로 무엇을 의미하나요? 기본적으로 인서울 명문대 입학을 목표로 하고 있을 겁니다. 내신으로 이들 대학에 입학하려면 주요 과목의 1등급 내신 성적이 필요합니다. 1등급은 전교 상위 4% 이내에 들어야 합니다. 정시로 입학을 하기 위해서는 전국에서 7% 안에 드는 실력이 필요합니다. 이들 대학의 입학 정원이 전체 수험생 대비 그 정도 수준이기 때문입니다. 냉정하게 생각해 봅시다. 우리 아이는 전교 상위 4% 이내에 들거나 전국 7% 이내에 들 수 있는 경쟁력을 갖고 있나요?

저는 선행의 신화가 지배하고 있는 현재의 대한민국 상황이 참 안타깝습니다. 지금 다수의 대한민국 가정의 모습은 이렇습니다. 교육비를 마련하기 위해서 아빠, 엄마는 생업 전선에 뛰어들어서 힘든 하루를 보냅니다. 부모가 시간이 없으니 아이는 더더욱 학원을 가야 합니다. 부모가 퇴근할 때까지 자녀는 학원에 머물러야 합니다. 아이는 학교 마치고 밥 먹을 시간도 없고, 집에 밥을 해줄 사람도 없어서 학교 앞 편의점에서 라면으로 끼니를 해결하고 학원으로 갑니다. 학원 2개 정도를 마치고 집으로 돌아옵니다. 집에 오면 그래도 열정이 있는 엄마는 학원 숙제, 학교 숙제를 점검합니다. 마지막 힘을 쥐어 짜내서 아이의 숙제 점검을 하는데, 아이는 늘 기대에 미치지 못합니다. 아빠는 일하느라 지쳐서 집에서는 TV 앞을 떠나지 않습니다. 엄마는 이런 상황에 결국 오늘도 아이에게 짜증을 내고 맙니다. 이런 날들 끝에 과연 아이는 전국 상위 7%라는 성적을 받을 수 있을까요? 대다수 가정의 아이들은 결국 고등에서 중간 이하의 성적을 받게 됩니다. 저는 이런 가정에서 아이들이 억지로 하는 공부를 가짜 공부라고 칭하려고 합니다.

"가짜 공부 끝에는 아무것도 없습니다."

초중고 12년 동안 아이와 소중한 추억도 제대로 만들지 못하고, 교육비는 교육비대로 다 지출을 하고, 입시에서의 만족스러운 결과도 얻지 못했습니다. 가짜 공부의 끝은 허무합니다. 입시의 본질은 아이가 스스로 공부를 하는 겁니다. 요즘 세상을 보면 교육 정보가 워낙 많다 보니 부모의 계획이 아이의 성장보다 훨씬 앞서갑니다. 아무리 훌륭한 계획도 아이가 수행하지 않으면 아무 소용이 없습니다. 부모가 고민해야 하는 것은 선행 계획이 아니라 우리 아이가 어떻게 하면 힘든 공부를 지치지 않고, 포기하지 않고 할 수 있을지입니다.

이 책은 학생들이 포기하지 않고 공부를 할 수 있도록 돕기 위해서 썼습니다. 가짜 공부를 하는 아이들이 염려스럽습니다. 그 끝에 뭐가 있는지도 모른 채 막연하게 공부를 하는 아이들은 고통받고 있습니다. 그들에게 진짜 공부를 알려주고 싶습니다. 모든 아이에게 진짜 공부를 하자고 독려하고 싶지는 않습니다. 진짜 공부는 고통스럽습니다. 치열하게 사는 것은 힘이 드는 법입니다. 하지만 진짜 공부는 입시에서 원하는 것을 얻기 위한 필수 조건입니다. 그리고 아이들이 건강하게 초중고 12년을 마치기 위해서는 진짜 공부가 필요합니다. 진짜 공부가 시작되면 아이들은 진짜 인생을 향해서 나아갈 수 있는 기반을 마련할 것입니다.

그리고 부모님들께 부탁드리는 이야기를 추가했습니다. 부모가 고민해야 할 것은 선행 계획이 아닙니다. 아이가 스스로 공부할 수 있는 힘이 강하면 학교 공부를 바탕으로 스스로 주도적으로 입시에서 원하는 성과를 얻을 수 있습니다. 이때 사교육의 힘은 도움은 될 수 있지만, 본질은 될 수 없습니다. 스스로 공부할 수 있는 힘을 기를 수 있는 기회조차 주지 않고, 아이를 수동적으로 공부하게 만들면 가짜 공부가 시작되고, 그 끝에는 정말 아무것도 없습니다.

전국의 학교에 무기력한 아이들이 늘어나고 있습니다. 공부만을 강요받는 시대를 사는 아이들의 정서가 망가지고 있습니다. 이대로는 위험합니다. 가짜 공부는 아이 본인의 인생에도 좋을 것이 없고, 아이의 가정에도 심각한 피해를 줍니다.

차비를 빼면 거의 무보수에 가까운 학교 출강을 통해 학생들을 만나면서 이 이야기를 빨리 전해 주어야겠다고 생각했습니다. 공부 때문에 고통받는 학생들에게 이 이야기를 빨리 들려주고 싶어서 전국으로 출강을 가는 도중에 좁은 기차에서 노트북을 펴고 이 책을 썼습니다. 원하는 성적을 받는 것이 진짜 공부의 목적이 아닙니다. 이 책의 이야기를 따라가면 진짜 공부를 통해서 진짜 인생으로 가는 길을 찾을 수 있을 겁니다.

"여러분들의
진짜 공부가 시작되기를
간절히 바랍니다."

– 달리는 기차 안에서 **EBS 영어 강사 정승익**

정승익 선생님의 〈진짜 공부 vs. 가짜 공부〉
오프라인 강연 후기

* —— 나는 내가 공부를 열심히 한다고 생각했는데 오늘 강의를 듣고 내가 이제까지 공부한 내용들은 다 가짜 공부였다는 생각이 들었다.

* —— 강의 내용 중 GRIT을 기르는 방법이 가장 인상 깊었는데, 나에게 가장 중요한 것은 실패에 대한 긍정적 태도와 긍정적인 자기 대화인 것 같다고 느꼈다. 그리고 강의 중 선생님께서 하시는 생활 속 이야기를 들어보면 습관, 환경이 공부에 제일 중요하다고 하신 것 같았다.

* —— 가짜 공부와 진짜 공부에 대해 들으면서 머리를 한 대 맞은 기분이었는데 그런 기분이 든 만큼 더 깊이 있게 생각할 수 있었다. 무조건 할 수 있다는 생각을 머릿속에 박아놓고 몇 번이고 실패해도 좋으니 끈기 있게 하라는 선생님의 말씀이 많이 와닿았다. 지레 겁을 먹고 '난 못 할 거야'라는 생각보다는 '난 뭐든 할 수 있다'라는 생각을 머리에 박아놓고 시작한다면 실패를 몇 번이나 겪더라도 또다시 도전할 용기가 자연스레 생길 것 같았다.

* —— 인간은 자기가 의미를 부여하는 고통은 이겨낼 수 있다는 말을 선생님께서 해주셨다. 내가 지금 하는 공부나 나에게 닥치는 상황들을 내가 앞으로 나아갈 발판이라고 의미를 부여한다면 난 고통을 이겨내고 앞으로 힘차게 나아갈 것이다.

* —— 사실 오늘 강연이 영어에 관한 강연인 줄 알고 신청했다. 그렇지만 오늘의 강연이 영어에 관한 내용을 듣는 것보다 더 도움 되는 이야기를 들은 것 같아 유익했다. 더불어 선생님의 현실적인 조언과 일침을 들으니 나를 돌아보고 더 적절한 계획을 세우는 데 도움이 된 것 같아 좋았다.

* —— EBS의 대표적인 영어 강사진 중 한 분이신 정승익 선생님을 내가 다니고 있는 학교인 서부고등학교에서 직접 볼 수 있고 직접 강의를 들을 수 있어서 너무

좋았고 학교에서 학생을 위해 최선의 노력을 해준다는 사실에 감사하다고 생각했습니다.

* —— 일단 처음은 내가 왜 해야 하는지에 대한 동기를 먼저 만들고 그 후 공부에 적합한 환경을 만들고 공부를 해야 한다는 점과 학습과정에서 '몰입'의 중요성을 파악하게 되었습니다. 그렇기에 이번에 정승익 선생님께 배운 학습방법을 이용해서 제대로 된 자율학습을 해보자고 결심할 수 있었습니다.

* —— 오늘 정승익 강사님의 강연을 들으면서 느낀 것은 지금까지 내가 한 공부는 그저 공부하는 것처럼 보이기 위한 것에 불과했다는 점이다. 정승익 강사님은 평소 내가 극단적이라고 생각했던 SNS를 끊는 것, 그 행위를 강사님께서는 아무렇지 않게 말씀하시듯이 보였지만 정승익 강사님께서 자신의 한 예를 말씀하시면서 강사님 자신도 우리처럼 끊기 어려운 행위가 있다는 것을 말씀하셨다.

* —— 이번 강연을 계기로 진짜 공부와 가짜 공부가 무엇인지를 알게 되었고 평소 내가 갖고 있던 나쁜 습관들 역시 바로 알아차리고 고치려는 모습을 보이려 오늘 하루 애써 보아야겠다.

* —— 공부가 안 되면 남 탓을 먼저 하는 버릇, 나의 재능을 탓하는 버릇, 학원이 안 좋아서 성적이 오르지 않는다는 말, 집이 가난해서 등 여러 가지 이유로 나의 공부 실력을 깎아내리는 나는 이번 강연을 들으면서 내가 무엇을 하고 있는지 내가 지금 하는 생각들이 얼마나 안 좋은 습관을 만들게 하는 말과 생각들인지를 깨달았다.

* —— 오늘 정승익 강사님의 강연을 들으면서 너무 많은 것들을 느끼고 얻어가는 것 같은데 이번 강연을 들으면서 느낀 점들을 공부하기 힘들 때마다 생각하면서

"나는 할 수 있다"라는 말을 하고 힘을 내 공부에 더 많은 시간을 들일 것입니다.

* —— 중학교 때 EBS에서 봤던 선생님을 진짜 실물로 보니까 너무 멋지셨다!! 오늘 강연의 큰 틀은 진짜 공부와 가짜 공부였다. 나도 공부 잘하는 친구들을 보면 '쟤네는 매일매일 열심히 학원 다녀서 성적이 좋은 거지', 아니면 '쟤네는 공부 안 해도 재능이 있어서 성적이 좋은 거야'라고 말도 안 되는 핑계만 갖다 붙였지만, 정승익 선생님께서 오늘 강연에서 그런 핑계만을 가지고 있는 것은 가짜 공부일 뿐이라고 말씀하시자마자 내 스스로 반성하게 되었고 정신을 차릴 수 있었다.

* —— "학창 시절에는 공부만 하는 거야"라는 어른들의 말씀을 들어보면 "학생들은 공부밖에 할 줄 아는 게 없다"는 말인가? 부정적이게만 들렸는데 인생에는 성적보다 노력으로 얻을 수 없는 불공평한 게 많다고, 우리가 고등학교를 졸업하는 순간 입을 것, 먹을 것, 살 집, 사회생활 등 그 모든 것이 다 불공평해진다고 말을 해주셔서 정말 아주 큰 명언과 같이 느껴졌다.

* —— 이 강의를 통해 나는 공부를 못하는 것이 아니라 내 스스로 노력의 결과가 잘 나오지 않으니까 쉽게 포기해버리는 것이라고 다시 한번 느껴졌다. 진짜 공부와 가짜 공부 단어 자체는 그냥 단순하게 반대되는 의미를 가진 단어라고 느껴지지만 저 두 단어 안에는 극과 극의 의미들이 담겨져 있다고 생각하게 되었다. 그리고 정승익 선생님은 EBSi 강사가 되기까지 8년이나 걸렸다고 하셨는데 정말 나라면 3년만 해도 이 길은 내 길이 아니겠구나 하고 다른 길을 선택했을 텐데 선생님은 자기 자신에게 가장 큰 장점이 끈기라고 하셔서 너무나도 멋지시고 부러웠다.

* —— EBSi 강사 시험에 8번이나 떨어졌는데 떨어질 때마다 포기하지 않고 다시 도전하셨던 일화를 이야기해 주셨던 것이 기억에 남는다. 나는 실패에 약하고 실패가 두려워 엄두가 나지 않은 것에는 도전하기가 매우 어려웠다. 그래서 항상 높은

수준에 도전하기보다는 내 수준보다 낮거나 내 수준에 맞는 일만 해왔던 것 같다. 오늘 정승익 강사의 이야기를 듣고 많은 것을 깨닫고, 배웠다. 오늘 강연을 들으면서 나 스스로 생각을 해보았다. 나는 과연 지금 정말 진짜 공부라는 것을 해 보려고 시도한 적이 있나. 나의 인생에 있어서 진짜 공부를 해 보려고 시도한 적은 한 번도 없다는 것을 깨달았다. 그래서 오늘 말씀을 하신 대로 나 자신을 믿으면서 꾸준히 나아간다면 지금과는 전혀 다른 결과를 얻을 수 있을 것 같았다. 오늘 강연은 18년 인생 중에 가장 유익한 강연이었다. 평소에 공부에 관해 궁금했던 질문에 대한 답들이 한꺼번에 해소되는 것 같았다. 이번 강연을 듣고 다시 한번 더 나를 고치는 시간이었던 거 같아 좋았고, 다음에도 이러한 강연이 있으면 무조건 참석할 것이다.

* ── 처음에는 강의 듣는 것에 대해 시간 낭비라고 생각했지만 막상 듣고 나니 현재의 나에게 꼭 필요한 유용한 정보를 얻을 수 있었고 내가 지금 이렇게 행동하면 미래가 어떻게 변할지 다시 한번 생각해볼 수 있었다.

* ── 오늘 강의는 나에게 있어서 친구들에게 영상을 찍어서 보여주고 싶을 만큼 정말 의미 있는 강의였다. 다음번에 기회가 있다면 무조건 신청해볼 것 같다.

* ── 일단 강의를 들으면서 커다란 충격을 여러 번 받은 것 같다. 하지만 강의 내용이 나한테 공부에 대한 해결책도 주어서 아주 좋았다. 일단 정승익 강사님의 강의에서 가짜 공부의 내용들이 현재의 나한테 포함된 내용이 많았는데, 특히 쿨한 척한다는 것이 그동안 내가 했던 행동이 강사님이 말한 '쿨한 척'이었다는 생각에 창피했고 그 외에도 자사고, 특목고의 스마트폰 이야기에 경각심을 일깨워주셨다. 다른 유명인들의 이야기들과 모두가 원하는 워라벨이 '과연 진짜 좋은 것인가?'라는 의문이 남았다. 진짜 공부에서 나온 내용을 잘 참고하여 활용해야겠다. 특히 공부에 대한 마인드와 공부환경, 습관에 대한 내용이 잊혀지지 않고 나한테 꼭 필요한 것 같다. 하지만 한편으로 '할 수 있을까?'라는 생각이 들지만 정승익 강사님의

개인사를 생각하며 동기부여를 해야겠다.정말 나를 몇 번이나 커다란 공격을 주었지만 거기에서 끝나지 않고 엄청난 치료법도 알려준 졸려서 잤으면 엄청난 후회를 했을 강의였다.

* —— 강의를 듣고 느낀 점은 처음부터 끝까지 다 공감 가고 나와 제일 가까운 곳에 있었던 사람이 조언과 충고를 해주는 것처럼 찔리는 내용과 자극이 되는 내용이 많았다. 가짜 공부에 관한 내용을 알려주실 때는 부끄러운 감정도 느꼈고 나는 '가짜 공부'를 하고 있었다는 것을 깨달으면서 반성을 많이 했다. 그리고 '진짜 공부'에 관한 내용을 알려주실 때는 영감과 자극을 많이 받았다. 강의 중 마지막에 하신 말이 인상이 깊어 가장 기억에 남았다. 나의 인생을 16부작의 드라마라고 생각한다면 18년 인생은 아직 2부작밖에 안 되었고 16부작이라는 많은 날이 기다리고 있고 그 각본은 우리가 쓰고 있다는 말이 정말 좋은 말 같고 자극이 되는 말이라고 느껴서 가장 기억에 남았다. 다음에도 만약 기회가 온다면 주저하지 않고 신청할 만큼 너무 유익한 시간이었다.

* —— 요즘 기말고사 대비와 수행평가, 개인별 세특 활동을 하느라 정신적으로도 매우 피폐해졌고 열심히 사는 데에 회의감을 느끼고 있는 중이었는데 오늘 한 강의에서 정승익 선생님이 '인간은 스스로 의미를 부여하는 고통은 이겨낼 수 있다'라고 말씀하시면서 의미 있는 고통과 힘듦은 모든 인간이 해낼 수 있고, 인내가 더 많은 사람이 결국엔 성공한다고 말씀하시며 세계에서 가장 부유한 일론 머스크는 가장 부유함에도 불구하고 자신의 능동적인 행동으로 하루에 3시간씩 자며 17시간씩 일을 하고 있다는 말씀을 해주셨다.
또, '말하는 대로'라는 노래에서 유재석 씨의 생애 중 자신은 발전할 수 있다는 것을 깨닫고 자신의 일에 미친 듯이 달려들었다는 노래 가사를 들려주시며 우리에게 '불가능'이란 없다는 것과 자신을 믿어야 한다는 경각심을 깨닫게 해주셨다.

* ── 오늘 선생님의 강의를 듣고 제가 정말 원하는 목표가 무엇인지, 제가 하고 있는 것이 진짜 공부가 맞는지에 대해 깊게 생각해 보면서 저를 되돌아볼 수 있는 뜻깊은 시간을 보낼 수 있었어요. 앞으로 제가 어떤 생각과 고민을 해봐야 하고 어떤 마음가짐으로 공부를 해야 하는지 좋은 방향을 알게 된 것 같아서 선생님께 정말 감사드립니다. 그래서 지금부터 제가 공부하는 궁극적인 이유와 목표를 생각해 보고 공부하는 습관을 만들어 가려고 해요. 아마 강의를 듣지 않았다면 고등학교를 졸업할 때까지 이런 생각을 해볼 수 없었겠지만, 오늘 선생님의 강의 덕분에 공부를 하는 저만의 이유를 찾고 더 열심히 꾸준하게 해나갈 수 있을 것 같아요! 다시 한번 오늘 좋은 강의를 해주셔서 감사합니다!

1부 가짜 공부를 멈춰라

가짜 공부의 시대

가짜 공부를 멈춰야 하는 이유 ① 가짜 공부는 고등에서 무너진다

가짜 공부를 멈춰야 하는 이유 ② 꿈이 없는 가짜 공부

2부 학생을 위한 진짜 공부 7단계

3부 진짜 공부하는 자녀로 만드는 부모의 역할

1부　　/

가짜 공부를 멈춰라

가짜 공부의 시대

대한민국 입시의
성공 방정식

현재 대한민국 교육계의 가장 큰 이슈는 사교
육입니다. 초중고 평균 78.3%의 가정들이 사교육에 참여하고 있습
니다. 초등에서부터 국영수 위주의 사교육에 참여하는 목적은 분명
히 입시에서의 성공일 겁니다. 입시 경쟁에서 앞서기 위한 방법으
로 다수의 가정은 '선행'을 택한 것 같습니다. 본격적으로 입시를 대
비하기 시작하는 시기가 점점 빨라지고 있습니다. 통계청에서 발표
한 〈2022 초중고 사교육비 조사〉에 따르면 초등의 사교육 참여율은
85.2%, 중등은 76.2%, 고등은 66%입니다. 초등의 사교육비는 작년

대비 13.1%, 중등은 11.6%, 고등학교는 6.5% 증가했습니다. 초등에서 가장 큰 폭으로 사교육비가 증가했습니다. 2021년과 2022년의 통계청 발표 자료를 학년별, 과목별로 비교해 보면 초등에서 사교육비가 어느 부문에서 증가했는지를 구체적으로 파악할 수 있습니다. 아래 표는 초등에서 사교육에 참여한 학생들의 과목별 1인당 월평균 사교육비입니다.

(단위 : 만 원)

연도	국어	영어	수학	사회과학	예체능 취미·교양
2021년	7.1	19.4	12.8	6.8	19.0
2022년	8.1	20.4	14.0	7.2	20.3
증가율	14.1%	5.2%	9.4%	5.9%	6.8%

출처: 통계청 발표 자료

예체능 사교육도 어느 정도 증가를 했지만, 증감률을 살펴보면 국영수사과로 대표되는 일반 과목의 사교육비가 모든 과목에서 늘었음을 알 수 있습니다. 이는 점점 선행으로 입시에서 승부를 하려는 최근의 트렌드와 일치합니다. 더 빨리 더 많은 교육을 받으려는 움직임이 초등에서 늘고 있습니다.

이런 분위기 때문에 불안한 마음에 사교육에 뛰어드는 가정들이 늘고 있습니다. 현재 대한민국은 초중고 평균 10가정 중 약 8가정이 사교육을 시키는 상황에 직면했습니다. 특히 초등에서의 증가세가 가파릅니다.

저는 전작인 『어머니, 사교육을 줄이셔야 합니다』에 이어서 이번 책에서도 교육의 본질에 대한 이야기를 나누고 싶습니다. 저는 외고, 국제고를 포함하여 교직에서 17년간 근무하면서 입시 지도 경험을 쌓았고, EBS에서 수능 영어를 대표하여 강의하면서 입시의 한가운데에서 활동하고 있습니다. 입시의 현실에 대해서 누구보다 정확하게 인지하고 있습니다. 무작정 사교육을 줄이고 주도적으로 공부하라는 말이 얼마나 이상적으로 느껴지는지를 잘 이해하고 있습니다. 그럼에도 제가 교육의 본질을 계속 파고드는 이유는 잘 짜인 교육 커리큘럼, 교재, 학원이 입시에서의 성공을 보장하지 않는 현실 때문입니다. 보다 더 많은 가정이 입시에서 원하는 결과를 얻었으면 하는 마음에서 매일 고민하고 있습니다.

이 책에서는 이해의 편의를 위해서 서울에 소재한 이름만 대면 전 국민이 아는 대학을 인서울 명문대라고 칭하겠습니다. 인서울 명문대 중에서 입학 성적순으로 상위 10개 정도 대학의 신입생 정원을 더해 보면 전체 수험생의 7~8% 수준입니다. 이들 대학에 입학을 하고 싶다면 전체 수험생을 100명으로 가정했을 때 7~8등 정도를 해야 합니다. 물론 더 입학 성적이 높은 대학, 선호하는 학과를 목표로 할수록 경쟁은 더욱 치열해집니다. 약 80%의 가정이 사교육에 참여하지만 인서울 명문대를 목표로 한다면 7~8%만 성공하는 것이 현실입니다. 누가 입시에서 성공할까요? 입시에서 상위 7~8% 이내에 들 수 있는 경우의 수를 생각해 봅니다. '현행'은 학교 수업 진도를 따라가는 것을 말하며, '선행'은 사교육을 이용해서 학교 수업의 진도보다 앞서가는 것으로 정의하겠습니다.

대한민국 입시에서 성공하는 경우

• 압도적인 교육비를 지출해 선행을 하는 경우

• 적당한 선행과 학생의 재능과 노력이 더해진 경우

• 현행을 하는데 학생의 재능과 노력이 더해진 경우

대한민국은 경제 양극화가 매년 심해지고 있습니다. 그리고 가정 환경의 격차가 교육비의 격차로도 이어지고 있습니다. 가정의 소득이 높으면 교육비 지출이 높습니다. 압도적인 교육비를 지출하면서 입시에서 성공하는 사례들이 다수 있을 겁니다. 문제는 대다수의 가정은 사교육비 경쟁으로 상위 7% 안에 드는 것을 목표로 할 수 없다는 겁니다. 이것은 현실적인 한계입니다. 전국의 어딘가에서는 엄청난 선행으로 목표를 달성하겠지만, 우리 가정이 그럴 형편이 아니라면 다른 전략이 필요합니다. 대다수의 가정은 위에서 언급한 2번과 3번의 경우 사이에서 고민할 겁니다.

선행을 하든, 현행을 하든 공부머리라고도 부르는 학생의 타고난 재능과 후천적인 노력이 없으면 절대로 입시에서 원하는 결과를 얻을 수 없습니다. 아무리 명성이 높은 학원에 다녀도 학생이 노력하지 않으면 성과는 나오지 않습니다. 그리고 전국에는 학원의 힘을 빌리지 않고도 입시에서 성공하는 학생들이 수없이 많이 있습니다. 입시에서의 성공 공식에서는 선행, 재능, 노력이 주요 변인입니다. 그중에서도 더 본질에 가까운 것은 재능과 노력이라고 생각합니다. 인서울 명문대 입학생들 중에는 학원에 다닌 학생도 있고, 스스로 공부한 학생들도 섞여 있습니다. 그들의 선행 정도도 제각각입니다. 그래서 선행은 결과를 좌우하는 결정적 요인으로 보기 어렵습니다. 어떤 경우에도 재능, 노력은 반드시 필요할 겁니다. 이를 바탕으로 입시에서의 성공 방정식을 만들어 봅니다.

입시 성공 = 재능 × 노력 + 선행

많은 분이 공감하실 수 있도록 곱하기와 더하기를 이용했습니다. 곱하기의 의미는 하나의 변인이 0이 되면 결과는 0이 된다는 겁니다. 만약 노력을 전혀 하지 않아서 노력에 0을 대입하면 성공은 없습니다. 대한민국의 사교육비가 증가하면서 모든 학생이 공부에 힘을 쏟고 있다고 생각하시나요? 아니요. 고3 학생들과 교사들은 모두 알고 있는 사실이 있습니다. 고3 교실에서 절반 이상은 무기력하게 잠을 잡니다. 초등에서부터 공부를 해야 한다고 가정에서는 소리치고 있지만 아이들은 점점 더 잠에 빠집니다. 2023년에는 이 문제를 심각하게 여겨서 교육부에서 연구까지 하고 있다고 하니 사태가 심각한 지경입니다. 노력이 0이 된 결과는 무섭습니다.

이 공식에 등장하는 재능, 노력, 선행의 3요소 중에서 어떤 요소가 가장 중요할까요? 일단 재능은 초기에는 알 수가 없습니다. 피카소가 붓을 처음 잡았을 때, 피아니스트 조성진 씨가 처음 피아노 건반을 두드릴 때, 전설적인 농구 선수 마이클 조던이 처음 농구공을 튀길 때 그 재능은 알 수가 없습니다. 재능은 지독한 노력 이후에 비로소 꽃을 피우기 때문입니다. 공부를 시작하는 시기에 재능은 파악하기 어렵습니다. 딱 보면 안다는 식의 판단은 지극히 개인적인 주관에 불과합니다. 농구팬이라면 누구나 인정하는 현역 최고의 NBA 선수인 스테판 커리는 신인 시절 당시 스카우터들로부터 드리블이 약하고, 패스도 안 좋고, 골대 근처에서의 마무리 능력이 부족하기 때문에 성공 가능성이 낮다는 평가를 받았습니다. 지금 그는 당시에 부족하다고 지적받은 능력이 모두 세계 최고 수준입니다. 평생 농구만 연구한 전문가인 스카우터들이 대학생 스테판 커리의 농구 능력을 제대로 파악하지 못한 겁니다. 인간은 이렇게 실수를 하는 존재입니다. 초중등 자녀들이 공부를 시작하는 모습을 보고 공부머리를 판단하는 것은 부모의 착각일 수 있습니다.

선행이 입시에서 결정적인 변수라고 말하기 애매하게 만드는 사례가 매년 존재합니다. 바로 현행의 힘으로 최고 수준의 성취를 한 학생들입니다. 그리고 세상은 이들에게 재능이 뛰어나기 때문이라고 말합니다. 제 생각은 다릅니다. 그들에게 특별한 것은 재능이 아니라 잠재력을 100% 실현시킨 그들의 노력입니다. 역대 수능 만점자들의 인터뷰에서 그들이 얼마나 독하게 공부를 했는지를 엿볼 수 있습니다.

"수업시간에 딴생각이 들거나 공부가 잘 되지 않을 때 어떻게 극복했나?"
"사실 딴생각을 안 해봐서 모르겠다."

_ 2018학년도 수능 만점자 강현규 씨

"저는 그런데 '남들이 다 하는데 내가 안 해서 어떻게 될까?'라는 불안감은 없었던 것 같아요. 이런 말씀을 드리면 좀 건방져 보일까 봐 걱정이 되긴 하는데 저는 내가 고등학교 3년 동안 다니면서 항상 충분히 노력하고 있다고 생각했고 그래서 그 노력에 대한 그만큼의 좋은 결과가 나올 것이라고 믿고 있어서 그런 불안감은 없었던 것 같습니다."

_ 2020학년도 수능 만점자 송영준 학생

"수험생활을 하면서 예외를 만들지 않는 게 중요하다고 생각했습니다. 새벽 6시 30분에 일어나 밤 12시 30분에 잠드는 생활을 반복했어요."

_ 2022학년도 수능 만점자 동탄국제고 김선우 학생

노력도 재능이라고 말하는 이들도 있습니다. 그런데 그 말은 자신의 가능성을 완전히 파괴하는 말입니다. 타고난 공부 재능도 없고, 노력하는 재능도 없으면 아무것도 할 수 없습니다. 최상의 성적을 거둔 이들의 노력은 비범한 수준입니다. 예외를 만들지 않고 규칙적인 생활을 하면서 수업에서 딴생각 자체를 하지 않고 집중합니다. 자신의 노력 정도를 알고 있기에 불안감마저 물리치면서 공부에 매진하고 있습니다.

대한민국 입시에서의 성공을 위한 공식에서 가장 주목해야 할 요소는 바로 '노력'입니다. 엄밀히 말하면 노력 외에는 평균적인 가정에서 공부로 성공을 할 방법이 없습니다. 초등에서부터 공부에 신경을 쓰는 이유는 공부를 잘하기 위해서이고, 잘한다는 기준은 1등급일 겁니다. 고등에서 내신 1등급을 받기 위해서는 전교 상위 4% 이내에 들어야 합니다. 우리 가정과 자녀의 무엇이 전교 4% 이내에 들 수 있는 경쟁력을 갖고 있나요? 교육비를 그 정도로 많이 지출하고

있나요? 재능이 전교에서 8명 안에 들 만큼 뛰어난가요? 그렇지 않
다면 개인이 공부로 승부할 수 있는 방법은 노력밖에 없습니다. 어떻
게 하면 치열한 노력을 할 수 있을지를 고민해야 합니다. 그런데 다
수의 가정은 선행을 하는 것으로 교육의 목표를 달성할 수 있다고
믿습니다. 현실을 직시해야 합니다.

지금 자녀가 공부를 어려워하고 있다면 선행을 고민하기 이전에
자녀가 진정한 노력을 기울이고 있는지를 먼저 점검해야 합니다. 이
런 고민 없이 막연히 학원만 다니는 것으로는 원하는 입시 결과를
얻을 가능성은 지극히 낮습니다.

가짜 공부와
진짜 공부

초등 저학년만 되어도 때가 되었다고(?) 생각하
면서 자녀에게 사교육을 시키는 가정들이 늘고 있습니다. 물론 저도
부모로서 여러 여건상 학원을 보낼 수밖에 없는 가정이 다수 있다는
것을 잘 알고 있습니다. 이들 가정에서는 큰 욕심은 없지만 '기본'이
라도 하기 위해서 학원에 보낸다는 말씀을 하십니다. 그런데 여기서
말하는 기본은 무엇인가요? 혹시 특정 개념을 배우고 문제를 푸는
것을 기본이라고 생각하고 계신 것은 아닐까요? 남들보다 몇 개월
먼저 개념을 아는 것은 공부의 기본이라고 말하기 어렵습니다. 결국
시간이 지나면 다른 친구들도 모두 개념을 배우게 됩니다. 그때는 상

대적인 경쟁에서의 우위가 모두 사라집니다. 그때는 어떤 힘으로 앞서가야 할까요? 그 부분에 대한 고민이 필요합니다.

자신의 의지보다는 부모의 뜻에 따라서 공부를 시작하면서 학교-학원을 오가는 것을 공부의 전부라 생각하는 학생들이 점점 늘고 있습니다. 이 책에서는 이들이 하는 공부를 가짜 공부라고 정의합니다. 가짜 공부를 하는 학생들은 겉으로 볼 때는 하루 종일 공부를 하는 것 같지만 결국 진짜 공부를 하는 학생들에게 고등 이후에 성적에서 밀려나게 됩니다. 중등에서 고등으로 진학할수록 최고 수준의 성취를 위한 관문이 좁아지기 때문입니다. 이 책에서 정의하는 가짜 공부는 다음과 같은 특징을 갖고 있습니다.

가짜 공부의 특징

- 공부의 목적을 고민하지 않는다.
- 시키는 공부만 억지로 한다.
- 주로 시험 기간에만 공부를 한다.
- 자신의 노력에 대한 확신이 없다.
- 공부하는 것이 고통스럽고 답답하다.
- (공부로 인한 스트레스 때문에) 게임, 스마트폰을 멈추지 못한다.
- 다양한 경험이나 독서량이 부족한 편이다.
- 슬럼프에 취약한 편이다.
- 실패하면 좌절하고 포기한다.
- 꿈이 없고, 현실이 힘들기만 하다.

가짜 공부라는 이름을 붙였지만, 사실 이 학생들도 뛰어놀지 못하고 공부만 하고 있는 겁니다. 대한민국 학생들 대다수가 이렇게 살고 있습니다. 밥 먹을 시간이 없어서 편의점에서 라면으로 끼니를 때우고 바쁘게 학원으로 향합니다. 집에 오면 학원 숙제, 학교 숙제를 하느라 자기 전까지 제대로 쉬지 못합니다. 학업으로 인한 스트레스가 심하니 게임이나 스마트폰을 참지 못합니다.

가짜 공부의 결정적인 문제는 공부의 목적을 모르는 겁니다. 목적을 모르는 가짜 공부는 갈수록 힘이 떨어집니다. 배우는 내용이 많아지고, 어려워질수록 목적을 정확하게 인지하고 있는 진짜 공부가 힘을 발휘합니다. 고등 이후에 진짜 공부를 하는 아이들의 특징은 다음과 같습니다.

진짜 공부의 특징

- 공부하는 목적을 알고 있다.
- 자신의 진로에 대한 관심과 확신이 있다.
- 공부를 위해서 게임, 스마트폰을 통제할 수 있다.
- 시험 기간 외에도 항상 습관처럼 공부한다.
- GRIT으로 공부한다.
- 몰입해서 공부한다.
- 경험이 풍부하거나 독서량이 많은 편이다.
- 슬럼프를 잘 극복하는 편이다.
- 실패하면 극복하려고 노력한다.
- 꿈을 향해서 힘있게 나아간다.

가짜 공부와 진짜 공부가 확연히 구별되는 지점은 고등학교 입학 이후입니다. 그전까지는 차이점이 드러나지 않습니다. 초중등에서는 가짜 공부를 해도 원하는 성적을 받고 있을 확률이 높습니다. 초등에서의 진단평가, 단원평가를 통해서는 성적상의 경쟁력을 파악하기 어렵습니다. 물론 이때도 공부 습관이 없는 학생들은 어려움을 겪긴 합니다.

중등에서는 최고 등급이 A등급입니다. 중등은 절대평가 방식이기 때문에 A등급의 비율의 상한이 정해져 있지 않습니다. 한 과목에서 90점을 넘으면 누구나 A등급을 받을 수 있습니다. 평균적으로 전교생의 30~40% 정도가 주요 과목에서 A등급을 받습니다.

문제는 고등 입학 이후입니다. 고등에서 한 과목에서 1등급을 받으려면 전교생 중 상위 4%에 들어야 합니다. 중학교 때보다 훨씬 더 적은 비율만이 최고의 성취를 달성할 수 있습니다. 100명 중 4명이 1등급을 받는다면 그 4명은 절대로 목적을 모른 채 억지로 공부하는 학생들이 아닐 겁니다. 게임이나 스마트폰을 통제하지 못하는 아이가 설마 상위 4%일까요? 전교 1등도 유튜브를 봅니다. 단, 그들은 자신의 할 일을 완벽하게 하고 나서 자신에 대한 보상 성격으로 유튜브를 봅니다. 자제력 없이 하염없이 시청하는 것과는 완전히 다른 방식의 이용입니다. 수능 만점자가 남긴 유튜브에 대한 인터뷰 내용을 참고로 인용합니다.

"계획을 세우면 지키지 못하는 경우가 많아서, 그날그날 제 능력에 맞춰서 공부했습니다. 머리가 아플 때까지 공부하고 보통 밤 11시에 잠을 잤는데, 어떤 낮은 공부하고 나니 자기 전까지 2~3시간 정도 남더라고요. 그럴 때는 유튜브를 보면서 휴식 시간을 가졌습니다. 딱히 특정 유튜브를 찾아서 본다기보다는 그저 영상이 뜨는 대로 그 알고리즘을 따라가며 봤어요."

_ 2021학년도 수능 만점자 서울 중동고 신지우 학생

가짜 공부를 멈추고 진짜 공부를 시작해야 하는 가장 현실적인 이유는 입시에서 원하는 것을 성취하기 위해서입니다. 지금 가정에서 교육비를 투자하는 목표를 정확하게 생각해 보아야 합니다. 자녀가 입시에서 중위권 정도를 하는 것을 목표로 한다면 교육비를 그렇게 많이 쓸 이유가 없습니다. 학령인구가 감소하고 있기에 수험생 수보다 대학 입학 정원이 훨씬 더 많아서 중위권 대학들의 경쟁은 확연히 줄었고, 입학 정원을 채우지 못하는 대학들도 속출하고 있습니다. 인서울 명문대를 목표로 하고 있나요? 그렇다면 전국에서 7% 이내에 들겠다는 목표를 갖고 있는 겁니다. 매년 더 많은 졸업생이 수능에 응시하고 있습니다. 수능에서 1~3등급까지는 N수생이 현역 고3보다 더 많은 비율을 차지한다는 통계도 있습니다. 이런 상황 속에서 100명 중 최소 7등 이내에 들기 위해서는 진짜 공부가 반드시 필요합니다.

가슴에 손을 얹고 같이 생각해 봅시다. 지금 사교육은 전국의 80% 가정이 시키고 있고, 20%의 가정의 아이들도 절대로 놀고 있지 않습니다. 이런 상황에서 어떻게 하면 93명을 앞서서 7명 안에 들 수 있을까요? 적어도 아래와 같은 가짜 공부를 지속해서는 고3 때 절대로 원하는 결과가 없을 겁니다. 누군가는 그 시간에 진짜 공

부를 하고 있을 것이기 때문입니다.

가짜 공부를 하고 있다는 신호들

- 나에게는 꿈이 없다.

- 억지로 공부한다.

- 숙제하면서 매일 짜증 낸다.

- 공부하느라 앉아있는 것이 고통스럽다.

- 누가 지켜보지 않으면 공부에 집중하지 못한다.

- 공부하면서 쌓인 스트레스는 반드시 놀면서 푼다.

- 공부보다 스마트폰, 게임이 훨씬 더 재미있다.

가짜 공부는
고등에서 무너진다

중등과 다른
고등의 평가 시스템

공부의 이유를 모른 채로 다른 사람이 시켜서 억지로 하는 공부는 대표적인 가짜 공부입니다. 시켜서 하는 공부는 사교육만을 말하는 것은 아닙니다. 본인의 의지와 무관하게 학원에 다니는 학생들, 엄마의 계획하에 수동적으로 공부하는 학생들은 모두 시켜서 공부하는 학생들에 해당합니다. 사실 부모라면 자녀가 지금 억지로 공부를 하는지 스스로 공부를 하는지를 1분만 고민하면 알 수밖에 없습니다. 아니, 지금 바로 1초 만에 알 수도 있습니다. 그리고 스스로 공부를 못하니까 시켜서라도 공부를 해야 하는 것이라고 생각하실 수 있습니다.

　현재 많은 초중등학생이 시켜서 공부를 하고 있다고 생각됩니다. 이를 증명하는 사회현상이 스터디카페의 연령 제한입니다. 스터디카페를 좀 다녀본 분들은 아실 겁니다. 인기 있는 스터디카페는 면학 분위기가 좋은 곳입니다. 누군가가 상주하면서 이 분위기를 관리하기도 하는데 보통은 무인으로 운영하는 곳이 대부분입니다. 무인 스터디카페에서 면학 분위기를 유지하기 위한 조치가 중학생 이하 출입제한입니다. 연령제한이 차별적 조치인지에 대한 논의는 차치하고 이 현상만을 바라보겠습니다. 스터디카페에서 제기되는 소란으로 인한 민원의 절반 정도는 중학생들이 일으킨 일이라고 합니다. 중학생들은 성인이나 고등학생에 비해서 공부나 시험에 대한 긴장도나 진지함이 훨씬 더 적은 겁니다. 스스로 공부하는 사람이 공부를 위한 공간에서 떠들고 소란을 피우는 것은 상상하기 어렵습니다. 타의에 의해서 스터디카페에 와 있기 때문에 공부에 집중을 하지 못하는 겁니다. 단순히 나이가 어리기 때문에 떠든다고는 생각되지 않습니다. 지역 도서관에서 초등학생들도 책에 빠져서 조용하게 독서를 합니다. 물론 그곳에서도 억지로 온 아이들은 시끄럽게 돌아다닙니다. 시켜서 무언가를 한다는 것은 그런 겁니다.

　부모 입장에서 초중등에서 시켜서 하는 공부는 굉장히 매력적으로 느껴집니다. 아이가 어릴수록 공부를 시키는 만큼의 성과가 나오기 때문입니다. 초등에서 아이는 수업 내용보다 앞서갈 것이기 때문에 공부 관련해서 어려움이 없을 겁니다. 중학교에 진학해서도 강력하게 공부를 시킨 결과로 내신에서 A등급을 받을 수 있을 겁니다. 이렇게 성과가 잘 나오는데 시키는 공부는 왜 문제가 될까요? 입시는 중등에서 끝나는 것이 아니라 고등학교 입학 이후에 본격적으로 시작되기 때문입니다.

중학과 고등의 평가 시스템의 차이로 인해서 다수의 가정이 시키는 공부의 '함정'에 빠져 있다고 생각합니다. 중학교까지는 절대평가 방식으로 모든 과목이 평가됩니다. 시험에서 90점을 넘으면 최고 등급인 A등급을 받을 수 있는 식입니다. 부모라면 당연히 아이가 주요 과목에서 90점을 넘어 A등급을 받기를 원할 겁니다. 공부에 대해서 별다른 의식이나 습관이 없는 학생들도 학원에서 시험 전 4~5주 동안 내신 대비를 거치면 중학에서 A등급을 받을 가능성이 높습니다. 경험이 많고, 능력 있는 학원 선생님들은 웬만한 아이들을 받아도 A등급을 받도록 하는 데 자신이 있으실 겁니다. 그 이유는 중학교 내신은 시험 범위가 고등학교에 비해서 훨씬 적고, 시험에 출제될 수 있는 포인트가 한정적이기 때문입니다. 중학교 영어 시험 범위는 일반적으로 교과서 본문 2단원 정도입니다. 이 정도의 시험 범위는 4주 정도 대비하면 본문을 거의 외울 정도로 준비가 가능합니다.

학교별로 차이는 있지만 중학교에서는 전교생의 20~60% 정도가 A등급을 받습니다. 이는 인터넷에서 '학교알리미'를 검색해서 자녀가 재학 중인 중학교를 검색해 보면 공시된 자료를 통해서 확인할 수 있습니다. 만약 어느 중학교에서 영어 A등급을 받는 학생들이 전교생의 40% 수준이라고 생각해 봅시다. A등급을 받는 40% 속에는 스스로 공부하는 학생과 시켜서 공부하는 학생이 섞여 있을 겁니다.

문제는 고등 이후입니다. 고등에서 시켜서 하는 공부가 무너지는 결정적인 이유는 내신9등급제라는 상대평가 방식의 시스템 때문입니다. 내신9등급제는 상대평가 방식입니다. 누구나 1등급을 받을 수 없습니다. 전체의 상위 4%만이 1등급을 받을 수 있습니다. 내가 아무리 열심히 공부해도 나보다 더 열심히 공부하는 집단이 4% 이상이라면 나는 절대로 1등급을 받을 수 없습니다. 고등학교에서 1등급부터 9등급은 다음과 같은 비율로 나누어집니다.

내신9등급제

1등급 ~4%

2등급 ~11%

3등급 ~23%

4등급 ~40%

5등급 ~60%

6등급 ~77%

7등급 ~89%

8등급 ~96%

9등급 ~100%

인서울 명문대 입학을 목표로 한다면, 평균적인 수준의 인문계 고등학교에서 적어도 2등급 이상의 성적을 받아야 합니다. 중학교 때는 한 과목에서 전교생의 40%가 A등급을 받았다면, 고등학교에서는 전교생의 11%만 2등급 이상을 받을 수 있습니다. 그렇다면 중학교보다 원하는 성취를 할 가능성이 훨씬 더 줄어듭니다. 중학교 때

A등급을 받았던 학생 중 30%는 고등학교에서 1~2등급을 받을 수 없습니다. 이것은 필연적으로 일어나는 일입니다.

중등과 다른
고등의 시험 범위

가짜 공부가 고1 때 무너지는 또 하나의 이유는 중학교와는 다른 고등학교 시험의 시험 범위 때문입니다. 고등학교는 중학교와 비교가 되지 않을 정도로 시험 범위가 넓습니다. 교육열이 높은 지역의 학교, 특목고, 자사고는 시험 범위가 더 넓습니다. 중학교와는 비교 불가 수준입니다. 이것도 시스템적인 문제입니다. 한 과목에서 1등급이 형성되기 위해서는 최상위 4%가 분명하게 변별되어야 합니다. 특정 과목에서 100점이 전교에 10% 수준이 나와버리면 그 시험은 1등급이 없는 시험이 됩니다. 이것은 출제하는 교사 입장에서 내신9등급제에서 발생할 수 있는 최악의 사건입니다. 이 시스템에서는 열심히 공부하는 학생들에게 100점을 내주지 않아야 합니다. 학생들에게 100점을 내주지 않으면서 시험의 변별력을 높이는 방법은 크게 3가지 정도입니다.

- 시험 범위를 늘리기
- 시험 문제의 난도를 높이기
- 서술형 문항의 비중 높이기

이 중에서 2번과 3번 방법은 위험을 수반합니다. 문제의 난도를 높이다 보면 출제진이 생각지도 못한 오류가 발생할 수 있습니다. 수능 시험도 상대평가라는 점에서 내신9등급제와 똑같은 문제를 안고 있습니다. 수능 시험도 만점이 다수 발생하면 안 됩니다. 그래서 수능 시험 또한 최상위권의 변별을 위한 초고난도의 문항을 포함하고 있습니다. 언론 보도에서 종종 접하셨겠지만, 수능 시험에서 오류가 있는 문항이 종종 발생합니다. 이 문항들의 대다수는 굉장히 어려운 문제들입니다. 변별력을 높이기 위해서 문제를 어렵게 내는 과정에서 출제자들의 예상을 벗어나는 문제가 발생하는 겁니다. 그리고 시험의 난도를 높이는 과정에서 학생들의 수준이나 교과 과정을 벗어나는 문제가 발생하기 때문에 시험 문제의 난도를 높여서 변별하는 것에는 한계가 있습니다.

서술형 문항으로 변별력을 높이는 것도 쉽지 않습니다. 원래 서술형의 취지는 학생들이 에세이처럼 긴 글을 작성하고 채점의 요소를 기준으로 채점을 하는 겁니다. 하지만 학생들이 자유롭게 글을 쓰면 객관식만큼 학생들이 수긍할 정도의 수준으로 공정하게 채점을 하는 것이 어렵습니다. 그래서 학생들의 생각을 길게 써야 하는 영역은 수행평가로 평가하고, 지필평가에서는 정확하게 변별이 될 수 있는 식으로 문항을 출제합니다. 적정 난이도로 정확히 변별될 수 있는 서술형 문항을 출제하며 1등급 수준의 최상위권을 변별하는 것은 쉽지 않습니다. 4% 이내에 들 실력을 갖춘 최상위권은 무난한 서술형 문항들의 정답을 거의 다 맞힐 것이기 때문입니다.

이런 상황에서 변별을 위해서는 시험 범위를 늘리고 문항들의 난도는 적정 수준으로 유지하는 것이 출제진 입장에서는 제일 선호되는 해결책입니다. 이것은 학생들을 위한 조치이기도 합니다. 사실 시험 범위가 넓으면 학생들에게 출제하는 교사가 비난을 받지만, 해당 과목에서 1등급이 형성되지 않는 일이 벌어지면 그것은 출제진이 욕먹고 끝날 일이 아닙니다. 반드시 1등급을 만들어야 하기 때문에 출제 측에서는 시험 범위를 늘려야만 하는 것입니다. 고등학교의 일반적인 시험 범위는 다음과 같습니다.

고등학교 영어 시험 범위
- 교과서 본문 2~3단원
- 모의고사 2회 분(독해 지문 약 50개 분량)
- 수업에서 선정한 부교재(주로 독해 문제집)

중등에서는 1번에 해당하는 교과서만 주된 시험 범위였다면 고등에서는 학교별로 차이가 있지만 모의고사, 부교재가 시험 범위에 추가되면서 10문장 내외 분량의 독해 지문이 100지문 가량 추가되는 경우도 있습니다. 고등학교는 학교별로 시험 범위가 꽤 다릅니다. 그 이유는 선생님의 성향이 아닙니다. 학생들의 영어 실력이 뛰어날수록 시험 범위는 늘어납니다. 최상위 4%를 변별하기 위해서입니다.

이 엄청난 시험 범위를 중등에서 가짜 공부를 하던 학생들은 감당할 수 없습니다. 중학교 때 시험 기간 전 4~5주만 암기 위주로 벼락치기 공부를 하면서 성적을 유지하던 학생들은 4주 동안 이 시험 범위를 다룰 수가 없습니다. 고등에서의 엄청난 시험 범위를 소화하기 위해서는 '평소'에도 계속 공부를 해야 합니다. 그리고 매일 공부를 지속하기 위해서는 공부의 목적이 있어야 합니다. 목적을 모르는 공부를 지속하는 것은 힘든 일입니다. 중학교 때 시험 기간에만 하는 것을 공부의 전부로 알던 가짜 공부를 하던 학생들은 고등에서 원하는 성적을 받지 못합니다.

고등에서 진짜 공부를 하는 학생들의 모습들이 생각이 납니다. 특목고 학생들은 영어 모의고사 1~2등급 수준의 학생이 전교생의 80%인 곳입니다. 그중에서 1등급은 4%에 불과합니다. 누구나 탄탄한 영어의 기본기를 갖추고 있는 상황에서 1등급, 2등급을 변별해야 하니 준비 과정은 치열할 수밖에 없습니다. 과거 제가 외고에 재직할 시절에 학생들이 수업 부교재인 영어 문제집을 2권 사는 모습을 심심치 않게 목격했습니다. 같은 문제집을 2권을 사서 1권은 화이트(수정액)로 내용을 지우면서 시험 범위의 본문을 외워 나가는 겁니다. 이건 암기가 아니고, 이해를 넘어서 암기까지를 해야 1등급을 받을 수 있기 때문에 책 한 권의 내용을 거의 다 외워버리는 겁니다. 시험 범위의 본문을 거의 다 외울 때쯤이면 1권의 내용은 다 지워버립니다. 내용을 다 지워서 교재로 쓸 수가 없으니 1권이 더 필요한 겁니다. 가짜 공부를 하던 학생은 이 정도의 끈기와 열정으로 공부를 할 수 없습니다. 혹시 이런 능력이 타고난 재능이라고 생각하신다면 이 책의 내용을 반드시 끝까지 읽어주시기 바랍니다.

포기로 끝나는
가짜 공부

영포자, 수포자라는 말을 들어보셨을 겁니다. 초등에서는 그런 말을 듣기 어렵습니다. 빠르면 중학, 일반적으로는 고등에서 듣게 되는 말입니다. 포기라는 말이 시작되는 순간은 입시를 대비한 공부가 본격적으로 시작되는 시점과 일치합니다. 왜 학생들은 공부를 포기할까요? 배우는 내용이 너무 어렵고, 공부할 것이 너무 많아서 포기하는 겁니다. 초중등에서 배우는 내용과 차원이 다른 입시 공부가 본격적으로 시작되면 감당이 안 되기 때문에 포기하는 겁니다. 이렇게 입시를 위한 공부가 어려우니까 미리 시작해야 한다고 생각하실 수 있습니다. 하지만 미리 출발하는 것만으로 입시에서 성공하기에는 현실의 벽이 너무 높습니다. 엄청난 교육비를 퍼부으실 것이 아니라면 다른 전략이 필요합니다.

현재 수능은 정시 비율 확대가 되면서 졸업생들이 대거 재수를 하고 있습니다. 게다가 졸업생들 중에서도 인서울 소재의 대학을 다니는 상위권 학생들이 재수를 하면서 1등급의 절반 이상을 차지하고 있습니다. 2023년 진학사가 진학닷컴에서 지난해 수능 성적을 입력한 N수생과 재학생 16만 5,868명을 대상으로 설문 조사를 한 결과 국어, 수학, 탐구 영역에서 1등급을 받은 N수생의 비율이 68%라고 밝혀졌습니다. 전체를 대상으로 한 조사는 아니지만 모집단의 수가 꽤 크기에 신뢰할 수 있습니다. 1등급은 전체의 4% 수준입니다. 이 중에 절반 이상을 N수생들이 가지고 간다면 현역이 1등급을 받을 확률은 1% 수준으로 줄어듭니다. 2023년 9월 모의평가와 수능에서 재학생과 졸업생이 차지한 비율을 정리한 표입니다.

2023학년 9월 모평/수능 등급별 비율

구분	2023학년 9월 모평		2023학년 수능	
	재학생	졸업생	재학생	졸업생
1등급대	42.4%	57.6%	32.0%	68.0%
2등급대	58.9%	41.1%	41.7%	58.3%
3등급대	74.0%	26.0%	50.4%	49.6%
4등급대	85.3%	14.7%	60.1%	39.9%
5등급대	90.3%	9.7%	68.6%	31.4%
6등급대	91.2%	8.8%	72.6%	27.4%
7등급대	85.1%	14.9%	75.5%	24.5%
8등급대	91.1%	8.9%	77.6%	22.4%
9등급대	68.9%	31.1%	50.0%	50.0%

*출처= 진학사 제공
*진학닷컴에 2023학년 9월 모평, 수능 성적을 입력한 수험생 데이터 기준

수능에서 2등급까지는 졸업생들이 절반 또는 그 이상의 비율을 차지하고 있음을 알 수 있습니다. 현역 고3들로서는 더 치열한 경쟁을 뚫어야 원하는 것을 얻을 수 있는 상황입니다. 이런 상황을 고려하면 더 빨리 선행 교육을 시작해야 한다고 생각할 수 있습니다. 하지만 지금 우리가 처해 있는 입시 환경은 아래와 같습니다.

현역 고3의 1등급 비율은 1~2% 수준

어떤 분야에서 전국 상위 1%에 들기 위해서는 무엇이 필요할까요? 축구 선수로서 우리나라에서 상위 1%에 드는 것, 요리사로서 우리나라 상위 1%가 되기 위해서 빨리 시작하기만 하면 될까요? 빨리 시작하는 영향을 무시할 수 없지만, 더 중요한 것은 분명히 입시를 준비하면서 남다른 탁월한 수준의 노력을 퍼부어야 한다는 점입니다.

이를 위해서는 수능이라는 시험을 제대로 이해해야 합니다. 수능은 초중등에서 학생들이 접하던 시험과는 본질이 다릅니다. 초중등에서는 배운 내용을 제대로 이해하면 최고의 성취를 할 수 있는 시험을 봅니다. 초등에서 전날 열심히 공부하면 진단평가를 다 맞을 수 있습니다. 중학에서 시험공부를 부지런히 하면 최고 등급인 A등급을 받을 수 있습니다. 절대평가 방식이기 때문에 나만 성실하게 공부하면 비율과 무관하게 최고의 성취를 할 수 있습니다.

수능은 그런 시험이 아닙니다. 100점을 내주면 안 되는 시험입니다. 왜? 상위 4%만이 1등급을 받아야 하기 때문에 100점이 4% 이상 발생하면 변별력이 무너집니다. 그런데 학생들은 기출 문제를 분석하면서 매년 더 똑똑해집니다. 매년 시험을 대비한 역량이 높아지는 학생들에게 100점을 내주지 않기 위해서 시험은 갈수록 어려워집니다. 그래서 탄생한 것이 킬러 문항이라고 불리는 문항들입니다. 이들 문항의 정답률은 평균적으로 20% 이하입니다. 5지 선다의 객관식 문항이면 찍어도 20%의 정답률이 보장되어야 하는데 이들 문항은 그 정도 수준도 정답률이 보장되지 않습니다. 2023년에는 정부 차원에서 킬러 문항의 문제점을 지적하며 이들 문항에 대한 대대적인 변화를 약속한 바 있습니다. 교육부에서는 과목별로 다음과 같은 문항들을 킬러 문항이라고 지적했습니다.

국어	고등학교 수준에서 이해하기 어려운 지문과 전문용어를 사용해서 배경지식을 가진 학생들은 상대적으로 쉽고 빠르게 풀 수 있는 문항, 문제풀이에 필요한 정보를 충분히 제공하지 않아 내용 파악을 어렵게 하는 문항, 선택지의 의미와 구조가 복잡해서 의도적으로 학생들의 실수를 유발시키는 문항 등
수학	여러 개의 수학적 개념을 결합하여 과도하게 복잡한 사고 또는 고차원적인 해결방식을 요구하는 문항, 대학과정 등을 선행학습한 학생은 출제자가 기대하는 풀이방법 외 다른 방법으로도 문제를 해결할 수 있어 학생 사이의 유불리를 발생시키는 문항 등
영어	전문적인 내용 또는 관념적이고 추상적인 내용이어서 영어를 해석하고도 내용을 이해하기 어려운 문항, 공교육에서 다루는 일반적인 수준보다 과도하게 길고 복잡한 문장을 사용하여 해석이 어려운 문항, 선택지에서 길고 복잡한 구문, 어려운 어휘 등을 사용하여 지문을 이해하고도 문제를 풀기 어려운 문항 등

지금 학생들이 풀고 있는 킬러 문항의 수준을 이해하는 것은 자녀의 교육 로드맵을 구상하는 것에 도움이 됩니다. 미리 결론부터 말씀드리면 킬러 문항은 초중등에서 선행을 한다고 해서 풀 수 있는 수준이 아닙니다. 2023년 6월에 교육부에서 공식적으로 발표한 영어 영역의 킬러 문항 예시를 살펴 보겠습니다. 국어는 본문이 너무 길고, 수학은 부모 세대가 문제의 난이도를 공감하기에는 어려움이 있을 것으로 생각되어 영어 문제를 인용합니다. 2023학년도 수능의 34번 문제입니다. 글을 읽고 빈칸에 들어갈 내용을 추론해서 맞히는 문제입니다. 우리말 해석을 먼저 읽어 보시고 밑줄 친 부분에 들어갈 답을 생각해 보세요. 그리고 이 문제를 학생들은 영어로 풀게 됩니다.

우리는 우리의 의식이 현재, 과거, 미래로 분리되는 것이 공상이며, 이상하게도 자기 참조적인 틀이라는 것을 이해합니다. 당신의 현재는 당신의 어머니의 미래의 일부였고, 당신의 자녀의 과거는 당신의 현재의 일부가 될 것입니다. 일반적으로 시간에 대한 우리의 의식을 이런 전통적인 방식으로 구조화하는 것에는 아무런 문제가 없으며, 종종 충분히 잘 작동합니다. 그러나 기후 변화의 경우, 시간을 과거, 현재, 미래로 급격하게 구분하는 것은 무모하게도 오해를 불러일으켰고, 가장 중요하게는, 우리 중 지금 살아 있는 사람들의 책임 범위를 보이지 않게 했습니다. 시간에 대한 우리의 의식의 좁혀짐은 우리가 과거와 미래의 발전에 대한 책임에서 자신을 분리하는 길을 터주었습니다. 이는 실제로 우리의 삶이 깊게 얽혀있습니다. 기후 변화의 경우, ＿＿＿＿＿＿＿이 아닙니다. 시간의 분할에 의해 현실이 보이지 않게 되어, 과거와 미래에 대한 책임에 대한 질문이 자연스럽게 제기되지 않는 것입니다.

① 우리의 모든 노력이 효과적인 것으로 증명되어 장려되는 것
② 충분한 과학적 증거가 우리에게 제공된 것
③ 미래의 관심사는 현재의 필요보다 더 시급한 것
④ 우리의 조상들은 다른 시간의 틀을 유지한 것
⑤ 우리는 사실을 직시하지만 우리의 책임을 부인하는 것

34. 다음 글의 빈칸에 들어갈 말로 가장 적절한 것을 고르시오.

We understand that the segregation of our consciousness into present, past, and future is both a fiction and an oddly self-referential framework; your present was part of your mother's future, and your children's past will be in part your present. Nothing is generally wrong with structuring our consciousness of time in this conventional manner, and it often works well enough. In the case of climate change, however, the sharp division of time into past, present, and future has been desperately misleading and has, most importantly, hidden from view the extent of the responsibility of those of us alive now. The narrowing of our consciousness of time smooths the way to divorcing ourselves from responsibility for developments in the past and the future with which our lives are in fact deeply intertwined. In the climate case, it is not that _____. It is that the realities are obscured from view by the partitioning of time, and so questions of responsibility toward the past and future do not arise naturally. segregation 분리 | intertwine 뒤얽히게 하다 | obscure 흐릿하게 하다

① all our efforts prove to be effective and are thus encouraged
② sufficient scientific evidence has been provided to us
③ future concerns are more urgent than present needs
④ our ancestors maintained a different frame of time
⑤ we face the facts but then deny our responsibility

이 문제의 정답은 5번입니다. 평소 독서를 많이 하신 분은 답을 찾으셨을 겁니다. 다만, 학생들은 이 문제를 영어로 풀어야 하고, 독해 문제 28개를 50분에 풀게 됩니다. 그리고 초중고 12년간의 공부가 한순간에 결정된다는 압박을 이겨내고 이 문제를 풀어야 합니다. 우리말로 봐도 이해가 쉽지 않은 지문을 영어로 읽고 제한된 시간에 문제의 정답을 찾아야 합니다.

사실 킬러 문항으로 지적된 이 문항을 제외하고도 수능 영어의 문제들은 초중등 때와는 비교도 되지 않을 만큼 어렵습니다. 영어 원서 읽기에 관심이 많은 부모님은 AR지수를 아실 겁니다. AR지수는 'Accelerated Reader지수'라고 불리는 미국의 르네상스사에서 개발한 영어 리딩 레벨을 나타내는 지수입니다. 각 숫자는 미국의 학년을 나타냅니다. AR1 수준은 미국의 초등학교 1학년이 읽기에 적절한 수준, AR7은 미국의 중학교 1학년이 읽기에 적합한 수준이라고 이해하시면 됩니다. 르네상스사에서는 한국 수능의 수준을 매년 분석하여 내놓습니다. 방금 읽으신 34번 문항의 수준은 AR11입니다. 이는 미국의 고등학교 2학년 수준을 의미합니다. 『해리포터』가 평균적으로 AR6 수준에 해당합니다. 미국의 초등학교 고학년이 『해리포터』를 재밌게 이해하며 읽을 겁니다. 초중등 원서 읽기에서 거의 최고 수준이라고 할 수 있는 『해리포터』보다 2배 정도는 영어 독해력이 높아야 수능 문제를 풀 수 있습니다. 그러니 대다수의 학생은 수능 영어를 어렵게 느낄 수밖에 없습니다.

1994년에 시작한 수능은 변별력을 높이기 위해서 매년 난도가 높아졌습니다. 지금 부모 세대가 치렀던 입시에서의 영어와 지금의 영어는 비교할 수 없을 만큼 수준이 높아졌습니다. 20년 전 00학번이 대학 갈 때 풀었던 수능 영어 문제를 소환해 봅니다. 첫 번째 문제는 1999년, 두 번째 문제는 방금 풀어보셨던 2022년에 실시된 수능 영어 시험입니다. 같은 시험이라고 보기 어려울 만큼 글의 수준이 차이가 나고 있습니다.

Let's say you are driving across the desert. You are running out of gas. Finally, you approach a sign, reading FUEL AHEAD. You relax, knowing you will not be stuck there. But as you draw nearer, the words on the sign turn out to be FOOD AHEAD. Many people have experiences in which their wishes change what they see. In other words, we see what we _____. Louganis

① draw　　　② approach　　　③ read
④ forget　　 ⑤ desire

We understand that the segregation of our consciousness into present, past, and future is both a fiction and an oddly self-referential framework; your present was part of your mother's future, and your children's past will be in part your present. Nothing is generally wrong with structuring our consciousness of time in this conventional manner, and it often works well enough. In the case of climate change, however, the sharp division of time into past, present, and future has been desperately misleading and has, most importantly, hidden from view the extent of the responsibility of those of us alive now. The narrowing of our consciousness of time smooths the way to divorcing ourselves from responsibility for developments in the past and the future with which our lives are in fact deeply intertwined. In the climate case, it is not that jugis _____. It is that the realities are obscured from view by the partitioning of time, and so questions of responsibility toward the past and future do not arise naturally. segregation 분리 | intertwine 뒤얽히게 하다 | obscure 흐릿하게 하다

① all our efforts prove to be effective and are thus encouraged
② sufficient scientific evidence has been provided to us
③ future concerns are more urgent than present needs
④ our ancestors maintained a different frame of time
⑤ we face the facts but then deny our responsibility

영어만 어려워진 것이 아닙니다. 사실 학생들은 영어 고민을 크게 하지 않습니다. 영어보다 수학이, 수학보다 국어가 더 어렵습니다. 이는 수능 시험의 만점자 비율에서 드러납니다.

수능 국어, 수학 만점자 비율

2022학년도 수능	국어 만점자	28명(0.01%)
2023학년도 수능	국어 만점자	371명(0.08%)
2022학년도 수능	수학 만점자	2,702명(0.63%)
2023학년도 수능	수학 만점자	934명(0.22%)

2022학년도 수능에서는 전체의 0.01%에 해당하는 28명이 전국에서 국어 만점을 받았습니다. 전체의 0.01%만이 만점을 받을 수 있는 국어 시험에 응시하는 99.9%의 아이들의 마음은 어떨까요? 웬만한 문제들은 도전조차 힘들 겁니다. 너무나 어려운 난이도에 포기하고 싶지 않을까요? 공부할 것은 너무 많고, 너무 고통스러운 마음에 도망가고 싶지 않을까요? 그래서 많은 학생이 고등에서 공부를 포기하는 겁니다. 학교에 앉아는 있지만 대부분의 시간을 자거나 멍하게 보내는 아이들이 늘고 있습니다.

　여기까지 읽으시면 수능에 대한 약간의 겁이 나실 법도 합니다. 초중등에서 보는 시험과 수능은 완전히 다른 시험이라는 것을 인지하셔야 합니다. 이 시험에 도전하기 위해서는 개념을 먼저 익히는 것 이상의 것들이 필요합니다. 기본적으로 근성과 인내심이 필요합니다. 이런 역량은 시키는 공부를 억지로 하는 가짜 공부를 통해서 길러지지 않습니다. 가짜 공부의 끝은 고등학교 입학 이후의 무기력한 포기일 수 있습니다.

가짜 공부를 멈춰야 하는 이유 ②
꿈이 없는 가짜 공부

/가짜 공부 때문에
잠드는 아이들

저는 교사 재직 시절 인문계 고등학교 아이들에게 도움이 되고 싶었습니다. EBS 강사로서의 역량을 이용해서 인문계 고등학교 아이들의 영어 공부를 돕기 위해서 인문계 고등학교로 간 경험이 있습니다. 그곳에서 참 나름대로 열심히 노력했는데 결과적으로는 많은 아이를 변화시키지는 못한 것 같습니다. 학교 안에서는 모두가 다 아는데, 학교 밖에서는 모르는 사실이 있습니다.

"고등학생 중 다수는 수업 중에 잠을 잡니다."

학교 안의 학생과 교사들은 모두 알고 있는 사실인데 부모님들은 이를 모르십니다. 교육에 대한 부모님들의 엄청난 열의에도 불구하고 인문계 고등학교 아이들 대부분이 학교생활에 참여하지 못하고 잠을 잡니다. 더불어민주당 민형배 의원이 2023년 국정감사에서 교원단체인 좋은교사운동과 함께 실시한 조사 결과를 인용합니다. 일반고 교사들에게 '학급당 학생 수가 25명이라고 가정할 때 3학년 교실에서 몇 명이나 수업을 듣느냐'라고 물었다고 합니다. 저는 이 질문을 보는 순간 20명 정도가 안 들을 것이라고 생각했고, 설문의 결과도 크게 다르지 않았습니다. 16~20명은 수업을 안 듣는다고 답한 비율은 36%, 21~25명은 안 듣는다고 응답한 비율은 17%였습니다. 수업에 참여하지 않는 형태로는 수업과 무관한 학습이 56.7%, 잠자기 33.0%, 학습과 무관한 딴짓하기 28.4%, 일부 교시만 출석 후 조퇴하기가 28%였습니다. 이 결과를 보시고서 학원 공부를 하기 위해서 수업에 참여하지 않는 것이 아니냐고 생각하실 수 있습니다. 그런 경우라면 제가 학생에게 달려가서 응원해주고 싶은 마음입니다. 대다수의 경우는 그렇게 열정적으로 공부하지 않습니다. 그들은 무기력한 상태입니다. 이것은 MZ세대라고 불리는 요즘 아이들의 성향이 아닙니다. 철저하게 기성세대가 만들어 놓은 시스템 때문이라고 생각합니다.

개인적으로 이 설문의 결과는 단순히 사교육의 영향이라고 보지 않습니다. 첫째, 고1을 대상으로 조사를 하면 훨씬 더 많은 학생이 수업에 참여할 겁니다. 내신 성적으로 대학에 갈 수 있는 가능성이 남아 있기 때문입니다. 현재 입시 시스템상 고1 내신의 중요성이 매우 큽니다. 그 이유는 현 교육과정상 고2 이상이 되면 1~9등급의 등급이 산출되지 않는 선택과목이 늘어납니다. 그래서 성적을 올리고 싶어도 올리지 못하는 일이 벌어집니다. 그래서 고1 말에 받은 내신 성적이 대입까지 이어지는 경우가 대부분입니다. 이것이 현재 입시 시스템의 가장 큰 문제입니다. 학생들의 목표는 기본적으로 높습니다. 나중에 목표를 낮춰서 대학을 갈 때 가더라도 시간이라는 무기가 남아 있는 한 많은 학생은 인서울 명문대를 목표로 합니다. 인서울 명문대를 가기 위해서 필요한 내신은 인문계 기준으로 1~2등급 초반까지입니다. 한 과목에서 1등급을 받으려면 상위 4%에 들어야 합니다. 2등급은 상위 11% 안에 들어야 합니다. 25명 기준으로 2등급은 약 2~3명입니다. 여기에 약간의 성실한 학생들이 더해져서 25명 중에서 5명 정도만 수업을 열심히 듣는 겁니다.

이제 나머지 20명은 수업에 참여하지 않는 대신 다른 선택을 해야 합니다. 정시를 준비해서 대학에 가는 방법이 있을 겁니다. 이 경우에는 학교생활이 오히려 공부에 방해가 된다고 느낄 수 있습니다. 그래서 상위권이면서 내신 성적을 확보하지 못한 학생들 위주로 자퇴를 하고 있습니다. 동아일보에서 종로학원과 함께 분석한 자료에 따르면 최근 3년간 전국 일반고 1~3학년 중에서 학업을 중단하고 자퇴를 선택한 학생의 비율은 해마다 늘고 있습니다.

2021년 9,504명

2022년 1만 2,798명

2023년 1만 5,520명

3년간 일반고 전체 재학생 302만 1,045명의 1.25%의 학생들이 자퇴를 선택했습니다. 특히 서울에서는 강남(3.39%), 서초(3.07%), 송파구(2.71%)의 비율로 자퇴율이 높았습니다. 다양한 원인이 있을 수 있지만 다수의 학생들은 자퇴를 하고 재수종합학원에 들어가서 정시를 준비할 것이라는 게 전문가들의 설명입니다. 특히 의대를 준비하기 위해서는 내신이 1점대 극초반이어야 하는 경우가 대부분이기 때문에 내신 경쟁이 치열한 지역일수록 정시로 의대를 준비하기 위한 자퇴가 많을 것으로 생각됩니다. 이런 현상을 보면서 전국의 고등학생들도 자퇴를 고민합니다. 고1에서 내신이 안 나오면 이전까지는 정시 올인이라는 전략을 썼다면 이제는 자퇴까지를 고민하는 겁니다.

이 현상이 더 안타까운 이유는 이들의 생각을 저지할 명분이 없다는 겁니다. 현재 학교는 입시에 맞춰져 있습니다. 바뀌는 대입 제도에 얼마나 맞춤식으로 교육과정, 학교활동을 운영하느냐가 학교의 경쟁력이 되었습니다. 이런 상황에서 내신 성적을 쓸 수 없는 학생들이 내신을 바탕으로 한 학생부종합전형을 준비하는 데에 맞춰진 학교 일정을 소화할 이유가 없는 겁니다. 고등학교에서 학생들을 기다리고 있는 현실이 답답합니다. 이 학생들에게 다양한 경험과 배움의 기회가 기다리고 있기보다는 다음과 같은 선택지가 기다립니다.

고1 때 내신 성적이 원하는 만큼 나오는가?

YES → 학교생활에 집중한다

NO → 정시 올인, 자퇴

문제가 되는 것은 대다수의 학생이 원하는 내신 성적을 받을 수 없는 구조인데 이들에 대한 배려가 너무 부족하다는 점입니다. 교육 특구의 최상위권을 제외하고는 내신 성적이 낮으면 정시 역량도 비슷하게 부족합니다. 내신 성적이 안 나오는 학생들은 정시를 다부지게 준비하지 못하고 점점 무기력해집니다. 그래서 고3이 되어서는 자거나 포기하는 학생들이 속출합니다.

적어도 자신의 꿈이 있는 학생은 잠들지 않을 겁니다. 무엇이 되었든 자신의 꿈을 위해서 하루하루 눈을 뜨고 책이라도 볼 겁니다. 자신이 원하는 것을 생각할 기회가 없어서 꿈이 없는 학생들은 고등학교에서 매우 높은 확률로 원하는 내신 성적이 나오지 않았을 때 방황하기 쉽습니다. 내신 성적이 안 나오고, 정시 성적도 뒷받침이 안 되는 상태에서 무엇을 해야 할지 금방 길을 잃게 됩니다. 그리고 잠이 듭니다. 잠들면 안 됩니다. 꿈을 가지고 잠에서 깨어나야 합니다. 초중등에서 목표 없이 하는 가짜 공부는 고등에서 아이들을 잠들게 합니다.

꿈이 없어서
우울한 아이들

대한민국의 수많은 아이들이 공부만을 위해서 살고 있습니다. 현대 사회에서 경쟁은 피할 수 없다는 사실을 인정합니다. 사회에서 사람들이 원하는 일자리는 한정적이고, 이를 위해서 대학에 서열이 존재하고, 그 서열은 고등에서의 입시 경쟁으로 이어지고 있습니다. 이걸 무너뜨리는 것이 얼마나 어려운지를 부모 세대는 잘 알고 있습니다. 20년 전과 지금의 입시는 경쟁이라는 패러다임을 그대로 사용한다는 면에서 크게 변한 것이 없습니다.

다만, 아이들은 과거보다 훨씬 더 우울하다는 사실을 부모라면 인지해야 합니다. 우리 아들딸이 초중고 12년 동안에 그런 감정을 겪을 수 있기 때문입니다. 우리나라는 OECD 국가 중 청소년 자살률 1위를 기록하고 있습니다. 통계청이 2023년 발표한 〈아동, 청소년 삶의 질 2022〉 지표보고서에 따르면 2021년 아동·청소년 사망 원인 1위인 자살률은 10만 명 당 2.7명으로 확인되었습니다. 이는 2000년 이후 최고 수치로서 6년간 2배로 상승한 셈입니다. 우리나라 아동, 청소년들이 살아가는 모습을 보면 이 수치가 크게 이상하게 느껴지지 않습니다.

통계청에서 발표한 〈국민 삶의 질 보고서 2022〉를 통해서 요즘 아이들이 실제 느끼고 있는 고민을 엿볼 수 있습니다. 다음은 설문조사와 면접을 통해서 밝혀낸 아이들을 행복하지 않게 만드는 요인들입니다. 왼쪽은 설문조사, 오른쪽은 면접을 통해서 아이들이 직접 밝힌 자신들을 행복하지 않게 만드는 요인들입니다. 응답에서 가장 많이 언급된 단어들이 크게 표시됩니다. 아이들은 공부와 진로 문제 때문에 힘들어하고 있습니다.

저는 이 결과가 정말 묘하다고 생각합니다. 아이들이 가장 많이 언급한 '공부'와 '진로'는 서로 시너지를 내면서 우울감을 탈출할 수 있어야 합니다. 단순히 공부를 열심히 한다고 해서 우울해질 이유는 없습니다. 실제로 최상위권 학생들은 어마어마한 양의 공부를 하고

출처: 국민 삶의 질 보고서 2022, 통계청

있지만 그들 모두가 우울감을 느끼지는 않습니다. 공부 양과 더불어 결정적으로 아이들의 우울감에 영향을 주는 것은 '꿈'에 대한 생각입니다. 자신의 진로에 대한 확신을 바탕으로 꿈을 좇아서 공부하는 과정은 우울하지 않습니다. 손흥민 선수가 세계적인 축구 선수가 되기 위해서 매일 훈련하는 과정은 힘들지만 열정으로 가득했을 겁니다.

지금 아이들이 우울한 이유는 진로에 대한 고민이 부족한 상태에서 맹목적으로 너무 많은 공부를 하고 있기 때문입니다. 지금 아이들은 진로에 대해서 고민할 수 있는 충분한 기회를 부여받고 있지 않습니다. 진로는 공부만 한다고 해서 찾을 수 있는 것이 아닙니다. 다양한 경험과 생각을 통해서 발전시켜 나가야 하는 개념입니다. 자신의 진로를 찾게 되면 공부는 힘을 얻습니다. 자신의 꿈을 위해서 공부하는 것은 가장 바람직한 모습 중 하나입니다. 문제는 요즘 아이들은 공부하느라 하루의 대부분의 시간을 보내면서 진로를 위한 충분한 경험을 하고 있지 못합니다.

자신의 꿈을 모르는 채로 많은 양의 공부를 하는 것은 최악의 조합입니다. 공부를 열심히 하는 것은 고통스러운 과정입니다. 누워서 유튜브를 시청하는 것보다 책상에 앉아서 놀지 않고 숙제를 하고 문제를 푸는 것은 훨씬 더 힘든 일입니다. 그런데 이 힘든 일을 하는 목적이 요즘 아이들에게는 없는 겁니다. 자신의 꿈을 모른 채로 매일 고통만을 받고 있기에 어느 순간 심각한 우울에 빠지게 되는 겁니다. 이것이 아이들을 대상으로 한 조사에서도 드러나고 있다고 생각합니다.

자신의 진로를 모르는 채로 시키는 공부만 하는 것은 가짜 공부의 대표적인 특징입니다. 영문도 모르고 매일 공부를 해 나가는 학생들은 정서적으로 문제가 생길 가능성이 높습니다. 20년 전보다 아이들은 훨씬 더 높은 난도의 공부를 훨씬 더 오랜 기간 동안 하고 있습니다. 과거에 초중등 내내 놀고, 고등학교 때만 잠시 고통을 참던 때를 떠올리면 안 됩니다. 지금, 우리 아이들은 어떤 동력으로 공부를 하고 있는지 반드시 살펴야 합니다.

의대는 가고 싶은데
의사는 되기 싫다?

저는 교육 관련 행사들을 진행하면서 소아정신과 의사분들과 협업을 할 기회가 종종 있습니다. 행사를 함께 진행한 의대 교수님께서 요즘 의대에는 의대는 가고 싶은데 의사는 되기 싫은 학생들이 있다고 말씀하십니다. 이 말을 듣자마자 저는 이해를 했습니다. 요즘 교육 현장에서 제가 느끼고 있는 문제점과 일맥상통하기 때문이었습니다.

제가 생각하는 오늘날 교육의 가장 큰 문제는 공부를 잘하는 방법에 대한 정보는 너무나도 많은데, 이 공부를 학생들이 왜 해야 하는지를 생각할 수 있는 시간이나 기회가 형편없을 정도로 적다는 점입니다. 이 과정에서 막연하게 공부하는 학생들이 점점 늘어나고 있습니다. 학생들은 자신이 생각한 목표가 아니라 사회에서 정한 대로 살고 있습니다. 아래 질문에 대한 답을 해 볼까요?

Q. 당신에게 선택권이 있다면 문과를 지원할 건가요? 이과를 지원할 건가요?
　　① 이과　　　　　　　② 문과

당연히 '이과'가 답이라고 생각하시나요? 사회에서는 이과가 답이라고 말하고 있습니다. 미래 사회에서도 이과 계통의 진로가 더 밝다고 합니다. 그래서 당연히 이과가 답이 되어야 하나요? 그렇지 않습니다. 이 질문에 대한 답은 나에게서 시작되어야 합니다. 수학을 좋아하는 학생이 영문학을 전공하면 안 되는 건가요? 영문학을 정말 좋아하는 학생이 수학을 잘할 수도 있습니다. 그렇다면 이 학생은 문과로 진학을 해서 영문학과를 전공하는 것이 맞을 겁니다. 현대 사회나 미래의 트렌드를 무시하는 것은 문제이지만, 이를 맹신하며 자신의 잣대로 삼는 것도 금물입니다. 나의 목표는 나를 기준으로 정해야 합니다. 그런데 요즘 학교 현장에서는 학생들이 자신에 대해서 성찰하고 진로를 고민할 기회가 많이 없습니다. 진로 수업은 과거보다 훨씬 늘었지만 사회적인 분위기 속에서 학생들은 선택의 순간에 자신 내면의 목소리가 아니라 사회가 정한 기준을 바탕으로 결정을 내립니다.

목표가 없는 막연한 공부는 가짜 공부의 대표적인 특징입니다. 흥미로운 점은 공부에 재능이 있는 학생이 목표에 대한 생각을 깊이 하지 않고 가짜 공부를 하면 묘한 결과를 얻게 된다는 것입니다. 의대는 가고 싶은데 의사는 되기 싫다는 학생은 이런 환경에서 만들어진 경우입니다. 이 이상한 말의 정체를 함께 살펴봅시다.

우선 의대를 가고 싶다는 것은 무엇을 의미할까요? 의대를 선호하는 우리 사회, 입시판의 분위기가 학생에게 투영된 겁니다. 이런 분위기 속에서 어려서부터 의대에 필요한 교육을 받는 학생들이 생겨납니다. 공부를 위한 타고난 재능이 있는 학생들은 이 교육을 받고 의대 입학에 필요한 학업 역량을 갖추게 됩니다.

그렇다면 의사가 되기 싫다는 말은 무슨 뜻일까요? 입시를 위해서 어린 시절부터 공부만을 한 학생의 인생에서 치명적으로 빠진 것이 있습니다. 의사가 되고 싶은 마음이 충분히 자라지 않은 겁니다. '무슨 배부른 소리냐. 의대에 입학하는 것만으로도 대성공'이라고 생각할 수 있습니다. 하지만 의대에 입학한다고 해서 바로 의사가 되어서 부와 명예를 누리지 않습니다. 의대 입학 이후에도 예과, 본과를 거쳐서 국가고시를 실시하고, 인턴, 레지던트 과정을 거치고 전문의 시험까지를 통과해야 하는 전문성을 수련하는 긴 과정이 기다리고 있습니다. 어쩌면 수능 시험은 의사가 되기 위한 시작에 불과할 수 있습니다.

의대생들의 이야기를 들어보면 시험 기간에는 잠자는 것을 포기해야 한다고 합니다. 전국 최고의 공부전문가들이 밤을 새워도 시험 범위를 다 소화하지 못한다고 하니 그 공부의 양과 난이도를 짐작할 수 있습니다. 이런 힘든 과정을 이겨내기 위해서는 의사로서의 소명의식이 한 부분을 차지할 겁니다. 자신이 반드시 의사가 되어야 한다면 이 힘든 과정을 통과할 수 있는 힘을 제공할 겁니다. 그런데 의대 교수님의 말씀을 빌리면 입시 공부를 부지런히 해서 의대에는 가고 싶은데, 의사가 되고 싶은 마음을 충분히 키우지 않아서 의사는 되고 싶지 않은 학생들이 생겨나고 있다고 합니다. 그리고 이들이 의대에서 제시하는 공부량을 채우지 못하고 수업을 따라오지 못하면서 어려움이 있다는 겁니다.

나의 목소리가 아니라 사회의 목소리를 따라가기 시작하면 나는 끝도 없이 흔들립니다. 사회는 시시각각 변하고 있기 때문에 변덕스럽게 말을 바꿉니다. 과거에는 교사가 되는 것이 최고라고 했다가, 로스쿨을 가라고 했다가, 약대를 가라고 했다가, 의대에 지원하라고 합니다. 사회에서 원하는 것은 계속해서 변합니다. 이걸 따라가는 인생은 피곤합니다. 미래에 직업을 선택할 때에도 사회에서 선호하는 직업은 앞으로 더 빨리 변할 겁니다. 직업이 사라지기도 하고 생겨나기도 할 겁니다. 이런 시기를 살아가기 위해서는 내가 기준이 되어야 합니다. 내가 기준이 되지 않은 채로 하는 공부는 가짜 공부입니다.

공부만 잘하면 되는 거
아닌가?

하루하루 공부하기도 바쁜데 굳이 목표나 꿈까지 생각해야 하는지에 대해서 의문을 가질 수 있습니다. 입시 현장에서 17년간 있었던 경험을 바탕으로 왜 꿈을 가져야만 하는지, 진로를 고민해야 하는지를 말씀드리겠습니다.

지금 초중등에서 교육비를 투자하면서 공부를 하는 모습을 보면 모두가 1등급을 향해서 달려가고 있는 것처럼 보입니다. 하지만 그들 중 90% 이상은 원하는 목표를 달성하지 못합니다. 고등학교에서 한 과목에 1등급을 받는 비율은 상위 4%입니다. 96%는 1등급을 받지 못합니다. 전과목 평균 1등급을 말하는 것이라면 그 비율은 더 줄어듭니다. 우리가 인서울 명문대 입학을 위해서 1등급이 필요하다고 말하는 것은 전과목의 평균을 의미합니다. 국어 1등급, 수학 1등급, 영어 1등급을 받아야 전과목이 평균적으로 1등급이 나옵니다. 수학을 5등급을 받거나 하면 평균 등급이 확 떨어집니다. 그러니 전과목 평균이 1등급이 나오는 비율은 무조건 4% 미만입니다.

그렇다면 전과목 평균이 5등급 이하가 나온 학생들은 어떻게 해야 하나요? 참고로 5등급이 내신9등급제의 중간입니다. 이들은 인서울 명문대는 지원할 수 없습니다. 정시라는 길이 있을 수 있지만 모의고사 역량이 내신 대비 탁월한 극히 드문 경우가 아니라면 내신과 정시 역량이 비슷하기에 인서울의 길은 요원합니다. 이 학생들에게 중요한 것은 이제 대학의 간판이 아닙니다. 솔직히 대한민국 사회에서 인서울 명문대의 브랜드 가치를 인정해야 하겠지만, 5등급 이하의 학생들은 그 브랜드 가치를 이용할 수 없는 처지입니다. 그때 중요한 것이 바로 '진로'입니다. 현실적으로 3등급 이하만 되어도 대학의 간판보다는 지원 학과가 더 중요합니다. 자신이 하고 싶은 일이 있다면 성적에 맞추어서 대학을 가면 됩니다. 그리고 이것은 비관적인 일만은 아닙니다. 대학은 자신의 미래를 위해서 새로운 것을 배우러 가는 곳입니다. 자신이 원하는 것을 대학에서 배운다면 그것으로써 대학의 실용적 가치를 누리는 겁니다.

지금 초중등에서 공부하는 90% 이상의 아이들은 잠재적으로 1등급이 아닙니다. 마치 1등급이 될 것처럼 공부를 하지만, 현실적으로는 1등급이 아닐 확률이 더 높습니다. 그런 현실을 인정해야 합니다. 저의 아들딸도 1등급이 아닐 확률이 압도적으로 높습니다. 그렇다면 그들에게는 학과가 대학보다 더 중요하고, 그렇다면 학과를 결정할 수 있는 기준인 진로에 대한 성찰이 필요합니다. 그래서 자신을 알아보고, 목표를 정하는 과정은 대다수의 아이에게 중요합니다. 그런데 지금 세상은 마치 모두가 1등급이 될 수 있을 것처럼 공부를 하면서 꿈이나 목표는 이상적인 이야기로 치부합니다. 하지만 1등급이 되지 못하는 90% 이상의 학생들은 고3 때 다시 자신의 진로를 고민해야 하는 것이 현실입니다.

목표가 중요한 또 하나의 이유는 공부하는 힘을 제공하기 때문입니다. 모두가 공부를 하고 있지만 진심으로 열의를 가지고 공부를 하는 학생은 소수입니다. 다수의 학생은 미지근한 마음 상태로 공부에 임합니다. 공부를 안 하는 것은 아니지만 그렇다고 다른 누구보다 열심히 한다고 자신할 정도로 공부를 열심히 하지 않습니다. 그렇게 해서는 원하는 것을 성취할 수 없습니다. 자신이 원하는 목표가 1등급이라면 전교에서 4%에 들 만큼 자신이 치열하게 공부를 하고 있는지를 생각해 봐야 합니다. 남들만큼만 공부하고 있다면 나는 중간에 해당하는 5등급 수준을 받게 될 겁니다. 자신만의 강력한 목표를 가지는 것은 목표를 위한 첫 단계입니다. 목적지가 없는 여정은 존재하지 않습니다. 초중고 12년 동안 어디를 향해서 갈지를 확실하게 정하는 것은 여정의 첫 단계입니다.

목표가 중요한 또 하나의 이유는 공부를 하면서 만나게 되는 수많은 유혹을 참을 수 있는 힘을 제공하기 때문입니다. 타인과의 경쟁에서 이길 수 있는 방법은 더 참고 더 오래 공부하는 겁니다. 다른 학생들이 SNS를 하고 게임을 하고 영화를 볼 때 나는 참아야 합니다. 이 참을 수 있는 힘은 타고나는 것이 아닙니다. 인간은 누구나 기본적인 욕구를 가지고 있습니다. 그것을 다양한 방식으로 참으면서 살아가고 있는 겁니다.

MBC의 한 예능프로그램에서 제23회 평창 동계올림픽 스켈레톤 남자 금메달 수상에 빛나는 전 스켈레톤 국가대표 윤성빈 선수의 주말 일과를 보여준 적이 있습니다. 온몸이 근육질이고 운동이 삶의 거의 전부인 윤성빈 선수의 주말 일과는 놀라운 장면의 연속입니다. 윤 선수는 주말에는 피자, 치킨을 거의 항상 먹는다고 합니다. 그는 설탕이 가득 발린 도너츠를 쉼없이 먹습니다. 특히 빵을 좋아한다고 합니다. 평일에는 참으면서 운동만을 하고 관리하기 때문에 주말에는 자유롭게 먹는 겁니다. 윤 선수라고 해서 치킨, 피자를 싫어하고 운동만을 한 게 아닙니다. 참으면서 관리하는 삶을 사는 겁니다.

지금 이 순간에도 자리에 앉아서 공부하는 학생들이 타고나기를 야외 활동을 싫어하고 앉아있는 것을 좋아하는 것이 아닙니다. 그들도 똑같은 사람입니다. 노는 것, 쉬는 것을 싫어하는 사람이 있을까요? 남들이 재밌다는 영화, 드라마는 누가 봐도 어김없이 재밌습니다. 놀고 싶고, 쉬고 싶은 마음을 참아 가면서 공부하는 겁니다. 그 참을 수 있는 힘마저도 재능이라고 생각하면서 노력을 안 하니까 결과가 안 나오는 겁니다.

성적을 올리고 싶다면 어떻게 참고 공부를 할지를 고민해야 합니다. 이것이 가장 기본이 되는 출발입니다. 무엇이 참을 수 있는 힘을 제공할까요? 우선적으로 공부를 하는 목표가 바탕이 됩니다. 이 책을 통해서 함께 알아보겠지만 목표가 있어도 실천하고 이를 지속하는 것은 또 다른 문제입니다. 목표를 설정한 이후에도 길고 힘든 싸움을 해야 합니다. 하지만 목표조차 제대로 정하지 않았다면 출발도 못하고 게임이 끝나는 겁니다.

남 탓이 성장을 방해한다

공부법이
문제?

      요즘 세상에는 수많은 공부법 관련 책들이 존재합니다. 온라인 서점에 '공부법'이라고 검색하면 중고등학생들을 위한 다양한 공부법 관련 책들이 나열됩니다. 공부를 힘들어하는 학생이 공부법의 도움을 얻고자 이 책들을 구매했다고 가정해 봅시다. 이 학생은 성적을 올릴 수 있을까요? 대다수의 학생은 그렇지 못할 겁니다. 공부법의 도움을 받아서 모두가 원하는 성적을 받는 세상이라면 여러분은 이런 책을 읽고 있지 않을 겁니다. 이미 공부에 대한 고민을 해결했을 테니까요. 왜 공부법 책의 도움으로 성적을 올리는 것은 어려울까요?

첫 번째 문제는 자신에게 공부법보다 더 근본적인 문제가 있기 때문입니다. 앞서 공부의 목표에 대한 이야기를 나누었습니다. 공부를 왜 해야 하는지를 고민하는 것은 내가 얼마만큼의 고통을 참을 수 있는지와 직결됩니다. 남들보다 공부를 더 깊이 있게 하기 위해서는 공부의 목표가 분명해야 합니다. 공부법을 고민하는 다수의 학생 마음속에는 더 편하고 빠르게 원하는 성적을 얻고 싶다는 심리가 내재되어 있을 수 있습니다. 그래서 수많은 학생이 더 좋은 강의, 교재, 커리큘럼을 지금 이 시간에도 찾고 있습니다. 그런 노력이 잘못된 것은 아니지만 어떤 마음으로 지금 공부법을 탐색하고 있는지는 매우 중요한 문제입니다.

수험생 커뮤니티에서 수십 년째 반복되는 질문이 어느 강사의 수업이나 커리큘럼이 더 좋냐는 것입니다. 실상은 똑같은 강사의 똑같은 커리큘럼을 따라가도 누구는 1등급을 받고 누구는 원하는 성적 근처에도 가지 못합니다. 이는 강사나 수업이 성적의 결정적 원인이 아님을 증명합니다. 공부법을 찾아보는 학생의 마음이 고통 없이 편하게 성적을 얻고 싶은 것이라면, 그 끝에 성적 향상은 없습니다.

두 번째 문제는 공부법이라는 것이 개개인이 오랜 시간 만들어내는 고유한 것이라서 개인에게 맞춤식으로 적용되기가 어렵다는 점입니다. 공부법을 정리한 다수의 사람은 공부법 전문가들이라기보다는 주어진 환경에서 치열하게 공부를 한 사람들입니다. 원하는 성취를 한 이후에 자신이 공부했던 과정을 돌아보면서 자신만의 공부법을 정리했습니다. 누구나 오랜 시간 동안 치열하게 공부를 하면 자신에게 맞는 공부법을 만들게 됩니다. 사실 공부법의 본질은 스스로 오랜 시간 공부를 하면서 자신만의 공부법을 만들어야 한다는 겁니다. 그리고 초중등 때부터 공부에 오랜 시간을 투자하면서 자신만의 공부 노하우를 많이 만들수록 입시에서는 유리할 수밖에 없습니다. 자신만의 공부법 하나하나가 입시에서는 상대적 우위를 부여하는 무기가 되기 때문입니다.

　손쉽게 공부를 잘할 수 있는 방법은 없습니다. 그런 것을 찾고자 하는 마음으로 공부법을 탐색하는 것은 시간 낭비입니다. 공부법에 대한 책들은 오랜 시간 공부를 지속하기 위한 좋은 자극으로 삼아야 합니다. 그리고 스스로 오랜 시간 공부를 해 나가면서 노하우를 구축하기 시작하면 공부법에서 제시하는 내용이 훨씬 더 잘 이해가 될 겁니다.

부모의 재력이
문제?

　　　　　　　　우리는 금수저, 흙수저라는 말이 유행하는 사회에 살고 있습니다. 태어날 때부터 부유한 환경에서 태어난 이를 금수저를 물고 태어났다고 하고, 경제적으로 힘든 환경에서 태어나면 흙수저를 물고 태어났다고 말합니다. 분명 부유한 환경에서 태어난 이는 사교육을 비롯한 가정의 갖가지 지원을 받으면서 공부를 할 겁니다. 경제적으로 여유롭지 못한 가정에서 태어나면 이런 혜택을 받지 못해서 자신이 공부를 못한다고 생각할 수 있습니다.

2023년 EBS에서 방영된 다큐멘터리 〈교육 격차〉에는 이런 문제가 고스란히 담겨 있었습니다. 5부작으로 방영된 이 다큐멘터리에는 부모의 경제 수준의 차이가 교실에 그대로 반영되는 모습을 담았습니다. 교실에서 드러나는 교육의 격차는 경제 양극화가 갈수록 심해지는 대한민국 사회의 모습이 학교 현장에도 반영된 결과입니다. 사실 이런 격차는 교실에도 있고, 우리 사회 곳곳에서도 드러납니다.

문제는 이런 사회적 분위기가 공부를 하는 학생들의 생각에도 영향을 미친다는 것입니다. EBS 〈교육 격차〉팀에서는 덴마크, 독일, 미국, 일본과 우리나라의 20대(20~29세) 청년 각 500여 명(총 2,798명)을 대상으로 설문 조사를 실시했습니다. 대한민국의 청년들은 성공적인 삶을 위해서 중요한 요인으로 재능, 부모의 재력, 외모를 꼽았습니다. 우리나라를 제외한 덴마크, 독일, 미국, 일본의 청년들은 노력, 성격, 재능을 주된 요인으로 뽑았습니다. 우리나라에 금수저, 흙수저라는 말이 괜히 있는 것이 아니라는 것을 설문 결과가 보여줍니다. 우리나라 청년들이 성공적인 삶의 요건으로 꼽은 재능, 부모의 재력, 외모는 모두 개인이 후천적 노력으로 바꿀 수 없는 것들입니다. 자신이 바꿀 수 없는 것을 성공의 요인으로 생각하고 있으면 이 생각 때문에 제대로 노력을 하지 못하고, 그 결과 성공할 가능성은 낮아집니다.

입시에서 가정환경, 부모의 재력을 무시할 수 있을까요? 솔직히 영향력을 인정할 수밖에 없다고 생각합니다. 전체적으로는 그 영향력을 인정해야 하지만 문제는 개인의 생각입니다. 성공의 요인을 내가 바꿀 수 없는 것들이라고 철저하게 믿고 있으면 그 생각 때문에 어떤 변화도 시작할 수 없습니다. 재능은 타고난 것이고, 부모의 재력도 정해져 있습니다. 외모의 변화에도 한계가 명확합니다. 나는 재능이 없고, 가정환경도 어렵고, 외모 또한 평범하기 때문에 성공할 수 없다고 생각하면 정말로 아무것도 할 수 있는 것이 없습니다.

지금의 40대 부모 세대들은 1997년 IMF 외환 위기를 학창 시절에 겪은 세대입니다. 가정 경제가 갑자기 어려워진 집들이 많았고, 가난이라는 것을 꽤 깊이 경험했던 세대입니다. 저희 집도 그랬습니다. 저는 집이 어려우니 공부라도 열심히 해야겠다는 마음에 독하게 공부해서 성적은 좋았습니다. 그런데 사회에 나와 보니 학교 다닐 때는 티 나지 않던 더 큰 경제의 격차가 기다리고 있었습니다. 성인이 되어 저처럼 0원으로 시작한 사람들은 평생을 내 집 마련을 위해서 일해야 합니다. 저는 정말 일개미처럼 주말도 없이 일했습니다. 내 집을 갖고, 내 방을 갖는다는 것이 얼마나 어렵고 힘든 일인지를 제 인생을 통해서 실감했습니다. 하지만 누군가는 부모가 집을 사서 선물을 하더군요. 나중에는 막대한 재산을 물려주기도 할 겁니다. 우리 인생에는 지금 교실에서 느끼는 격차보다 더 엄청난 격차가 기다리고 있습니다.

이런 격차를 뻔히 인정하면서도 여러분들과 진짜 공부를 이야기하고 결국 진짜 인생까지를 논하고 싶은 것은 저도, 여러분도 격차와 싸우면서 살아야 하기 때문입니다. 바꿀 수 없는 타고난 재능, 나의 주변 환경을 탓하고 있으면 지금 내가 할 수 있는 것이 없습니다. 무력감에 휩싸여서 주변을 탓하거나 스마트폰, 게임 같은 순간적 쾌락을 제공하는 것들에 의지해서 하루를 보내기 시작하면 그 끝에는 정말 아무것도 없습니다.

많은 학생이 자신의 환경을 탓하면서 진정한 노력을 시작조차 하지 못합니다. 가정환경을 탓하지 말고 정말 혼이 남긴 노력을 한번 해봐야 합니다. 그래야 후회가 없습니다. 저는 지금 이 글을 지방 강연을 위해서 이동하는 기차 안에서 쓰고 있습니다. 타고난 금수저였다면 멋진 별장에서 호수를 바라보면서 고급 커피 한잔을 마시며 이 글을 쓰지 않았을까 하는 엉뚱한 상상을 해 봅니다. 저의 현실은 새벽 4시에 일어나서 잠을 깨기 위해서 찬물로 샤워를 하고 5시에 집을 나서서 6시 기차를 타고 지방 어딘가로 강연을 하러 가는 것입니다. 하지만 저는 제 인생을 불쌍히 여기지 않고, 주변을 탓하고 싶지 않습니다. 내 노력으로 하루하루 내가 원하는 것을 위해 살고 싶습니다. 비교하지 않고 나의 하루를 사는 것, 그것이 제가 찾은 격차를 극복하는 방법입니다. 지금 주변을 탓하거나 나를 둘러싼 환경이 짜증이 나서 스마트폰만 만지고 있다면 진짜 공부를 통해서 격차와 싸워 이기기 바랍니다.

교과서만 보고
만점을 받았다?

진짜 공부를 시작하기 위해서 철저하게 부숴야 하는 개념이 '공부는 재능'이라는 생각입니다. 우리는 재능, 천재라는 말을 일상적으로 사용합니다. 그런데 우리가 천재라고 이름을 붙이는 경우를 생각해 보면 자신이 경쟁하고 싶지 않거나 경쟁하고 있지 않은 분야에 대해서 그런 말을 사용합니다. 만약 여러분이 피파라는 축구 게임을 정말 잘해서 전교에서 1, 2등을 다투고 있다고 생각해 봅시다. 옆 반에 여러분과 실력이 용호상박인 친구가 있을 때 그 친구를 '천재'라고 부르지 않습니다. 왜냐하면 여러분은 지금 경쟁에 참여하고 있기 때문입니다. 그 친구를 천재라고 부르면 압도적 재능을 인정하는 셈이고, 나는 진다는 의미로 받아들여집니다. 그래서 그 친구를 절대로 천재라고 부르지 않습니다. 어쩌면 나에게 더 재능이 있다고 믿을 수도 있습니다.

그런데 공부에 대해서는 왜 '천재'라는 말을 사용하는 건가요? '전교 1등은 천재다. 수능 만점자는 천재'라고 말합니다. 이는 그들을 신과 같다고 평가하면서 자신은 이 경쟁에서 이길 수 없으니 빠지겠다는 의미를 내포합니다.

재능이 성취에 중요하다는 신화가 지배하는 사회를 살고 있기에 생각을 바꾸는 것이 쉽지 않습니다. 공부는 재능이라는 생각에 기름을 붓는 것이 수능이 끝난 뒤의 수능 만점자들의 인터뷰입니다. 이때 제일 많이 등장하는 레퍼토리가 교과서만 보고 만점을 받았다는 것입니다. 이 말을 듣고 나면 수능 만점자들은 비범한 재능을 바탕으로 교과서만 보고도, 사교육의 도움을 받지 않고도 원하는 성적을 받았다고 생각하게 됩니다. 이 생각은 재능이 뛰어나지 않은 학생들은 교과서 외의 교재를 다수 활용해야 하고, 사교육의 도움도 듬뿍 받아야 한다는 식으로 이어집니다.

일단 그들이 교과서만 보았다는 것은 대강 눈으로만 봤다는 의미가 절대로 아닙니다. 최상위 수준의 성적을 받는 학생들은 각기 다른 방법으로 교과서를 통째로 암기합니다. 개인별로 방법의 차이는 있지만 결국 이들은 주요 과목의 필요한 교과서는 통째로 암기를 합니다. 당연히 이해가 기반이 된 암기입니다. 교과서의 개념을 완벽하게 이해를 하고 암기까지 하면, 기출 문제를 풀면서 충분히 수능 고득점에 도전할 수 있습니다. 반대로 교과서의 개념을 완전히 이해하지 못하고, 암기는 엄두도 못 내는 학생이 문제를 많이 풀거나 비싼 교육을 받는다고 해서 높은 성적을 받는 것이 아닙니다.

수능 만점자들이 교과서만 보고 만점을 받았다는 말은 그들의 재능을 자랑하는 것이 아닙니다. 정반대로 그들이 얼마나 혹독하게 공부했는지를 증명하는 것입니다. 서울대 출신 졸업생들의 언론 보도 자료에서 그들이 어떻게 공부했는지를 엿볼 수 있습니다. 서울대학교를 졸업한 아나운서 출신 방송인 이혜성 씨는 자신이 운영하는 유튜브 채널에서 자신은 외우기 복잡한 내용이 나왔을 때 자신만의 문장이나 스토리를 만들어서 외웠다고 합니다. 암기를 위해서 자주 활용하는 방법입니다. 부모들도 원소 주기율표나 조선 시대의 왕들을 이렇게 외웠던 기억이 날 겁니다. 이혜성 씨는 20년이 지나도 이 내용이 기억이 난다고 합니다. 그리고 그녀는 포스트잇으로 암기할 내용을 화장실을 비롯해서 곳곳에 붙였다고 합니다. 특히 샤워 부스 옆에 붙이면 샤워를 할 때마다 보면서 공부를 할 수 있다고 말합니다. 사실 여기까지는 공부를 하는 이들이라면 한 번쯤 시도해봤을 수도 있습니다. 하지만 여기서 끝이 아닙니다. 끝으로 그녀는 미친 듯이 반복해야 한다고 정점을 찍습니다. 그냥 미친 듯이 반복해서 공부했다고 합니다. 한국사 교과서는 30번 정도 반복했다고 말하는데, 그 이상일 수도 있겠다는 생각이 듭니다. 다 외울 때까지 반복했을 테니까요.

서울대생으로서 학생들에게 유용한 공부팁을 제공하는 유튜브 채널 〈소린TV〉의 안소린 씨도 이와 비슷한 맥락의 이야기를 전합니다. 그녀는 자신의 책과 유튜브 채널을 통해서 학생들을 위한 진심을 전합니다. 중학교 때까지 가난한 환경 속에서 성적도 중위권이었던 그녀는 중3 때부터 이를 악물고 공부만 파고들었다고 합니다. 그녀는 과학고 입시를 준비했지만 낙방했습니다. 그녀는 자신보다 똑똑한 친구들이 많다는 것을 인정합니다. 놀라운 것은 이때 사교육과 정보력의 힘을 인정하면서 자신만의 도구를 찾아야 한다는 생각을 했다는 겁니다. 그리고 그녀가 찾은 무기는 바로 노력입니다. 한 문제라도 더 풀고, 1분 1초라도 아껴서 한 글자라도 더 읽어야 한다는 각오를 그녀는 무기로 삼았습니다. 그녀의 책을 읽다가 잠시 먹먹해진 부분입니다. 저 또한 그렇게 살았고, 이게 현실을 극복할 수 있는 가장 정확한 방법이 맞습니다. 그리고 그녀의 전략은 간단했습니다. 그녀가 생각한 공부를 잘할 수 있는 방법은 전교에서 제일 열심히 공부하는 사람이 되는 것이었습니다. 그녀는 졸릴 때 얼굴에 분무기를 뿌리면서 공부를 했다고 합니다. 저는 졸릴 때 날카로운 커터칼로 손가락을 살짝씩 찔러서 피를 내면서 잠을 깼던 기억이 선명합니다. 정말 졸릴 때는 뺨을 때리고 별짓을 다 해도 잠이 안 깨기 때문에 썼던 저만의 방법입니다.

이런 각오로 공부를 하면서 교과서를 암기하는 수준까지 철저하게 개념을 익힌 것을 '교과서만 보고 만점을 받았다'라고 가볍게 표현하면 안 될 것입니다. 정확히 표현하면 이렇게 표현을 했어야 했습니다.

"교과서를 수십, 수백 번 보면서 모든 내용을 이해하고, 암기하는 수준까지 공부를 했습니다. 저는 몇 페이지에 무슨 내용이 있는지 알 수 있을 때까지 혹독하게 공부했습니다."

결국 교과서만 보고 만점을 받았다는 말은 재능이 아닌, 그들의 엄청난 노력을 의미하는 겁니다. 자신은 교과서를 암기할 정도의 열정으로 공부를 하고 있는지를 돌아봐야 합니다.

당신은 박태환 선수보다 수영 재능이 없을까?

박태환 선수는 우리나라 역사상 가장 성공한 수영 선수 중 한 명입니다. 2008년 베이징 올림픽에서 400m 자유형에서 금메달을 획득했고, 2012년 런던 올림픽에서도 은메달을 획득하는 등 수많은 대회에서 탁월한 성과를 거두었습니다. 그런 박태환 선수보다 우리는 수영 재능이 없는 걸까요? 어이없는 질문이라고 생각할 수 있습니다. 당연히 우리는 박태환 선수보다 수영에 대한 재능이 없다고 생각할 겁니다. 아닙니다. 그렇게 단정할 수 없습니다. 왜냐하면 우리는 박태환 선수만큼 수영 훈련을 충분히 오래

하지 않았기 때문입니다. KBS의 예능프로그램 〈1박 2일〉에 출연한 박태환 선수는 제작진이 준비한 물에 들어가서 수영을 하는 게임을 앞두고 물에 들어가기 싫다는 이야기를 합니다. 평생 물에서 훈련을 하고 살다시피 했기 때문에 물에 들어가기 싫은 마음이 드는 겁니다. 그가 말하는 훈련 루틴은 그야말로 엄청납니다. 매일 새벽 4시 10분에 일어나서 아침 수영 연습을 시작합니다. 그리고 잠시 휴식을 취한 뒤 하루 종일 수영 연습을 하는 루틴입니다. 우리는 과연 10년 이상의 세월 동안 목표를 위해서 새벽 4시 10분에 일어날 수 있을까요? 우리는 박태환 선수만큼 수영 훈련을 해 보지 않았기 때문에 나에게 그와 같은 재능이 있는지 없는지를 정확히 알 수 없습니다.

성적표가 나오는 날, 나보다 성적이 높은 친구가 나보다 공부머리가 뛰어나기 때문에 성적이 높은 것이라고 말을 하려면 내가 적어도 그 친구만큼은 노력을 했어야 합니다. 같은 노력을 했거나 내가 더 많이 공부했는데도 옆의 친구가 성적이 더 높다면 그 친구가 나보다 공부머리가 더 뛰어나다고 말할 수 있을 겁니다. 그런데 나는 최선을 다하지 않았고, 옆의 친구보다 더 적게 공부를 했으면서 재능이나 공부머리를 탓하는 것은 합리적인 생각이 아닙니다.

서울대생들이 운영하는 유튜브인 〈스튜디오 샤〉에서 의대 본과생들을 인터뷰한 영상을 제작한 적이 있습니다. 영상 속에서 서울대 의대생들은 고등학교 시절 자신이 독하게 공부했던 공부법을 말합니다. 서울대 의대생들은 당연히 공부 재능이 있을 겁니다. 세상 사람들도, 그들 스스로도 서울대 의대를 들어가기 위해서는 재능이 있어야 한다고 생각합니다. 하지만 우리가 진정으로 그들이 우리보다 공부 재능이 뛰어나다고 말하기 위해서는 그들만큼의 노력을 기울였어야 합니다. 다음은 인터뷰에서 말한 서울대 의대생들의 독한 공부법입니다. 여러분은 그들만큼 지금 노력을 하고 있나요?

서울대 의대 본과생들은 이렇게까지 공부했다

• 중학교 때 교복 2벌 사기
  - 한 벌은 학교 갈 때 입고, 나머지 한 벌은 잘 때 입는다. 왜? 불편하게 잠을 자야 빨리 일어나서 공부할 수 있으니까.
• 전날 공부한 것을 녹음해서 버스에서 들으면서 등교하기
  - 왜? 버스에서 책을 보면 어지럽기도 하고 친구들의 시선이 의식되니까.
• 한쪽 눈은 자고 다른 쪽 눈은 공부하기
  - 너무 졸릴 때 완전히 잠들지 않기 위해서 한쪽 눈은 자고, 다른 쪽 눈은 뜨고 공부를 했다고 함.

개인적으로 이 영상을 보면서 왜 제가 서울대 의대에 갈 수 없었는지를 깨달았습니다. 전국에 저보다 더 열심히 공부하는 학생들이 있었던 겁니다. 중학교 때 교복을 2벌 사서 입고 자면서 공부하는 학생을 어떻게 공부로 이깁니까? 이들이 공부에 기울인 노력은 정말 인상적이고 충격적인 수준이었습니다.

재능을 말하기 위해서는 노력이 선행되어야 합니다. 내가 최선의 노력을 하기 전까지는 재능이라는 말을 함부로 꺼내면 안 됩니다. 자신은 열심히 공부하는데 성적이 안 나온다고 생각하는 학생들이 많

습니다. 하지만 학교에서, 또는 전국 어딘가에서 나보다 더 열심히 공부하는 학생이 있다면 나는 원하는 성적을 받을 수 없습니다. 그것이 상대평가 시스템의 가장 기본적인 원리임을 명심해야 합니다.

스마트폰에는 미래가 없다

게임을
멈출 수 없는 이유

        가짜 공부를 하는 학생들에게 공부는 그저 고통의 대상입니다. 그러니 스트레스를 풀기 위해서 게임과 스마트폰에 빠져들게 됩니다. 부모 입장에서도 아이가 평일 내내 학원에 다니면서 고생스럽게 공부를 하니 밤 시간이나 주말에라도 스트레스를 풀라고 게임, 스마트폰을 사용하는 것을 허용하게 됩니다. 일단 결론부터 말씀드리면 게임, 스마트폰에 빠져들수록 공부를 한 효과는 줄어들고 진짜 공부를 하는 학생들에게 지게 됩니다. 전교 1등 중에도 게임을 좋아하는 학생이 있을 겁니다. 하지만 평소에 전력을 다해서 공부하고 잠시 보상의 개념으로 게임을 하는 것과 하기 싫은 공부를 억지로 겨우겨우 하면서 그 스트레스를 게임으로 푸는 것은 엄연히 다릅니다.

저도 게임을 좋아합니다. 어려서부터 게임에 관심이 많았고 꽤 많은 기간을 투자했습니다. 그리고 아직도 게임 문화를 좋아합니다. 닌텐도스위치, 플레이스테이션, XBOX, STEAM 등 다양한 게임기나 플랫폼에 관심이 있고 화제의 신작들은 실제 구매를 하기도 합니다. 지금부터의 이야기는 게임을 전혀 이해하지 못하는 사람이 아니라, 게임 문화를 깊숙하게 이해하는 사람이 하는 이야기라는 점을 꼭 알 아주기 바랍니다. 많은 시간을 게임에 투자한 사람으로서 게임에 빠져 있는 학생들을 위한 애정을 담은 조언을 하고자 합니다.

게임을 좋아하는 마음은 타고나는 것 같습니다. 누군가는 태어나면서부터 게임에 관심이 없고, 저는 어려서부터 공부와는 별개로 게임에 관심이 많았습니다. 게임을 멈추는 방법은 이후에 다시 알아보겠지만, 바쁘게 살면 됩니다. 저는 1년에 게임하는 시간이 1시간도 채 되지 않습니다. 그럼에도 그 시간을 늘 기다리고, 새로운 게임이 출시되면 꼭 관심을 갖습니다. 여전히 게임을 사랑합니다.

저는 좋은 게임이 존재한다고 믿습니다. 실제로 게임 업계에서는 매년 GOTY를 선정합니다. GOTY는 Game Of The Year의 약자입니다. 각 게임 관련 언론사에서 최고의 게임을 선정하고, 가장 많은 표를 받은 게임이 그해 최고의 게임인 GOTY로 선정되는 식입니다. GOTY를 선정하는 기준은 기본적으로 다음과 같습니다.

- **게임플레이**: 게임의 재미와 상호작용의 품질을 평가합니다. 게임의 난이도, 조작성, 유연성 등이 포함됩니다.
- **그래픽과 디자인**: 게임의 시각적 요소와 디자인이 얼마나 아름답고 흥미로운지를 평가합니다. 그래픽 품질, 아트 스타일, 캐릭터 및 환경 디자인 등이 포함됩니다.
- **스토리**: 게임의 이야기와 서사적 요소를 평가합니다. 강력한 플롯, 흥미로운 캐릭터, 다양한 엔딩 등이 고려됩니다.
- **사운드와 음악**: 게임의 음향 요소와 음악이 얼마나 풍부하고 잘 어울리는지를 평가합니다. 효과음, 목소리 연기, 배경 음악 등이 고려됩니다.
- **혁신과 창의성**: 게임이 얼마나 독특하고 창의적인 아이디어를 가지고 있는지를 평가합니다. 새로운 게임 메커니즘, 독특한 게임 경험 등이 고려됩니다.
- **인정과 평가**: 게임이 얼마나 평가받고 인정받았는지를 평가합니다. 게임의 평점, 리뷰, 시장 반응 등이 포함됩니다.

이렇게 게임을 깊숙하게 알고 있는 제가 인생에서 절대로 하지 않는 2가지 유형의 게임이 있습니다. 바로 온라인으로 경쟁을 하는 게임 그리고 현금을 써야 하는 게임입니다. 온라인으로 경쟁을 하는 게임은 중독의 요소가 너무 강합니다. 타인과의 경쟁에서 이기기 위해서 자연스럽게 게임을 더 많이 하게 됩니다. 이런 류의 게임들은 타인과의 경쟁을 통해서 랭킹을 올리고 더 높은 클래스를 부여받는 방식을 이용합니다. 이는 관계에서 인정을 받고 싶은 마음이 생기는 사람의 기본적인 욕구를 게임개발사에서 이용한 것입니다. 타인과의 경쟁을 위해서 강제적으로 더 많은 시간을 게임을 하면서 보내는 것을 저는 진정한 게임의 재미라고 생각하지 않습니다.

현금 결제를 유도하는 온라인 게임들 또한 상업적 목적을 갖고 만들어지기 때문에 피해야 할 게임의 형태라고 생각합니다. 여러분이 게임개발사에서 게임을 개발하고 있다고 생각해 보세요. 이 게임은 사용자들의 현금 결제를 통해서 수익을 발생시켜야 합니다. 그렇다면 게임 속에 사용자들이 현금을 쓸 수밖에 없도록 만드는 요소들을 넣어야 합니다. 몇 가지 게임사에서 사용자들의 현금 결제를 유도하기 위해서 주로 이용하는 요소들을 살펴봅시다.

1. **마이크로트랜잭션(적은 금액의 거래)**: 게임 내에서 적은 금액의 결제를 요구하는 마이크로트랜잭션 시스템을 도입합니다. 대표적으로 게임 내 아이템, 캐릭터 업그레이드, 게임 진행을 빠르게 하기 위한 부가 기능 등을 구매할 수 있도록 합니다.
2. **시간과 진행의 제한**: 게임 내에서 특정한 시간이나 진행 단계에 도달하기 위해 현금 결제를 유도하는 경우가 있습니다. 예를 들어, 더 빠른 속도로 게임을 진행하거나 새로운 콘텐츠에 접근하기 위해 결제를 요구하는 경우입니다.
3. **도박 요소**: 우리나라 온라인 게임에 활성화되어 있는 요소입니다. 현금을 주고 바로 아이템을 구매하는 것이 아니라 랜덤으로 특정 아이템을 얻을 수 있도록 하는 방식입니다. 예를 들어서 100개의 보물 상자를 구매하면 정해진 확률에 의거해 그중

에서 모두가 바라는 특정 아이템이 나오는 식입니다. 이 방식은 게임사에서 확률을 조작하는 사례가 있어서 굉장히 문제가 된 사례들이 있는데, 일단 랜덤 확률로 원하는 아이템을 얻을 수 있다는 방식 자체는 도박의 요소를 이용한 겁니다.

4. 소셜 요소: 게임 내에서 커뮤니티를 형성하도록 하고, 사회 관계를 맺도록 합니다. 세력 안에서도 서열이 생겨나고, 세력끼리 전쟁을 벌이기도 합니다. 이런 식으로 소셜 요소를 게임에 만들면 혼자서 하는 게임보다 훨씬 더 자신이 속한 공동체를 위해서 현금을 지불할 확률이 높아집니다. 아무도 플레이하지 않는 게임에 여러분은 수억을 투자할까요? 다른 사람들과 관계를 맺으면서 소셜 요소가 발생하면 적게는 수천 원에서 많게는 수백만 원, 수천만 원, 수억을 쓰게 됩니다. 게임 안에서 능력이 인정받고 존경받기 때문입니다. 이는 인간이 가진 기본적인 욕구를 게임사에서 이용하는 겁니다.

현금 결제를 유도하는 게임을 하는 어른들 중에서 이 게임들이 현금을 유도하는 방식에 무지한 사람들은 거의 없을 거라고 생각합니다. 그걸 알면서도 성인들은 돈을 쓰는 겁니다. 돈을 쓰고 그 대가로 타인의 인정이나 개인의 만족감을 사는 겁니다. 명품이나 실용적이지 않은 고가의 물건을 사는 심리와도 어느 정도 비슷할 것이라고 생각합니다.

문제는 청소년들입니다. 오늘날의 청소년들이 입시 공부를 위해서 내몰리고 있는 현실을 고려하면 게임에 쉽게 중독될 수 있습니다.

청소년들이 게임에 빠져드는 요소들을 살펴봅시다.

1. **도피 및 현실 회피**: 게임은 현실에서의 스트레스나 문제들을 피하고 도망갈 수 있는 수단으로 작용할 수 있습니다. 현재 공부만을 강요받는 청소년들은 현실에서의 스트레스를 풀기 위해서 게임에 중독될 가능성이 매우 높습니다.

2. **재미와 보상 체계**: 게임은 기본적으로 재미도 있고, 점점 성장하는 보상 체계를 가지고 있습니다. 시간을 투자하면 그만큼 게임에 익숙해지고, 보상도 늘어납니다. 현실에서의 공부는 하는 만큼 성과가 나오지 않아서 답답합니다. 게임에서는 노력하는 만큼 원하는 보상들을 제공받으니 현실에서 부족한 성취감을 게임에서 느끼면서 게임에 중독될 수 있습니다. 이때 분비되는 도파민은 이런 중독을 강화합니다.

3. **사회적 연결의 경험**: 초등학생 이상의 아이들이 처음 접하는 게임은 주로 친구들과 함께 하는 게임입니다. 청소년들은 발달단계상 동료 집단과 관계를 맺고 그들의 가치를 존중하게 되어 있습니다. 게임을 통해서 사회적 관계를 맺기 시작하면 이는 그들이 게임에 빠져드는 강력한 동기가 됩니다.

지금 즐겨 하는 게임이 있다면 통제와 자제를 배울 때입니다. 게임을 멈추어야 하는 이유를 읽고 게임을 서서히 줄여나가기 바랍니다. 통제할 수 없이 끌려가기 시작하면 게임에 중독이 되고, 중독되면 인생에서 소중한 많은 것들을 잃게 될 것입니다.

게임을
멈추어야 하는 이유

게임 중독은 질병일까요? 친구들과 어울리기 위해서 가볍게 즐기는 게임이 질병이라는 견해에 동의하지 않을 수 있습니다. 하지만 게임에 돈을 쓰고 있다든가, 온라인으로 타인과 경쟁을 하는 게임에 몰두하고 있다면 멈출 필요가 있습니다. 게임을 하는 것 자체는 큰 문제가 아니지만, 게임을 통제할 수 없다면 자신이 게임에 중독된 것은 아닌지를 반드시 생각해 보아야 합니다.

게임 중독을 질병에 준하는 정도로 일상에 심각한 손상을 주는 행위로 보는 견해들이 있습니다. 2019년 5월, WHO(세계보건기구)는 스위스 제네바에서 열린 72차 WHO총회에서 '게임 이용 장애 Gaming Disorder' 분류가 포함되어 있는 ICD-11(국제질병분류 11차 개정안)을 의결했습니다. 이 의미는 WHO가 게임 중독을 질병으로 볼 수 있다고 판정을 내린 겁니다. 이 의결에 대해서 게임 업계 및 게이머들 사이에서는 큰 반발이 있었지만, 이 의결은 WHO가 4년에 걸쳐 다양한 관련 연구결과 및 임상사례를 검토한 결과를 바탕으로 내린 겁니다. 분명히 게임 중독으로 인해서 질병 수준으로 일상에 피해를 입는 사람들이 늘고 있습니다.

세계 보건 기구의 의결 이후에 게임 장애는 DSM-5 Diagnostic and Statistical Manual of Mental Disorders, 5th Edition에서 정신질환으로 분류됩니다. DSM-5는 정신질환 진단 및 통계 매뉴얼의 약칭으로서 미국정신의학협회에서 정신병 진단을 위한 주요 권한을 제공하는 매뉴얼입니다. 의사들 또한 게임 중독을 정신질환으로 분류했습니다. 게임을 하는 것 자체가 정신 질환과 직결되는 것은 아니지만 아래의 기준에 따라 일상생활에 심각한 지장을 주는 정도로 게임에 빠져 있다면 전문가와의 상담을 필요로 합니다. 게임 장애를 진단하는 기준은 다음과 같습니다.

- **게임에 대한 강한 욕구**: 게임에 대한 강한 욕구를 느끼고 게임을 켜는 것에 집중됩니다.
- **게임 우선**: 게임을 우선시하며, 일상생활의 다른 활동을 무시하거나 감소시킵니다.
- **게임 제어 손실**: 게임을 통제하기 어려워지거나 중단하는 것이 어렵습니다.
- **심리적 고통**: 게임 행동이 심리적인 고통, 감정적인 어려움, 사회적 관계 문제 등을 초래합니다.
- **기간**: 위의 특징이 12개월 이상 지속됩니다.

게임으로 인해서 일상생활에 지장을 받는 것이 지속된다면 이는 게임 중독의 신호입니다. 저도 게임을 꽤 좋아했기 때문에 밤 시간에 게임을 하면 금방 새벽 3~4시가 되는 느낌을 잘 알고 있습니다. 대학 때는 밤새 게임을 한 경험도 있습니다. 그러면 다음 날 정상 생활이 될까요? 당연히 불가능합니다. 게임을 좋아한다면 한 번 정도 이런 경험을 할 수는 있지만, 이런 일이 반복이 되면 게임이 우선시되고, 일상생활은 파괴됩니다. 앞서 언급한 중독을 유도하는 게임을 주로 한다면 당연히 게임 중독의 위험성에 더 크게 노출됩니다.

게임 문화가 세계적으로 발달한 대한민국에서는 게임 중독을 질병으로 보는 견해에 대해서 굉장히 민감하게 반응하고 논란이 많습니다. 하지만 WHO나 의학계가 근거 없는 프레임을 만들 이유가 없습니다. 게임이 갖고 있는 건강에 위협이 되고 일상생활을 파괴할 가능성에 대해서 알리고자 하는 겁니다. 이런 가능성을 충분히 인지하고 자신이 게임에 끌리는 성향을 갖고 있다면 분명히 조심해야 합니다.

온라인에서 공동체를 만들고, 서로 경쟁하거나 유대하는 게임은 피해야 합니다. 게임에서 현금 결제를 요구한다면 어떤 방식으로 여러분의 지갑을 열려고 하는지를 한 번 더 생각해보기를 바랍니다. 학생들도 게임에 현금을 적지 않게 쓰는 시대입니다. 과금을 하는 게임은 중독의 요소가 다른 어떤 게임들보다도 강하기 때문에 중독될 우려가 너무나도 큽니다. 큰 금액을 결제한 것은 자랑거리가 아닌 자신의 중독을 의미합니다.

게임을 좋아한다면 혼자서 하는, 작품성이 높은 게임을 하기 바랍니다. 그리고 자신이 게임 시간을 잘 통제할 수 있는지, 게임이 자신의 일상을 방해하지 않는지 잘 살피세요. 자신의 일상이 방해를 받는다면 게임을 멈추어야 할 때입니다. 해야 할 일을 먼저 마치고 그이후에 게임을 하는 훈련을 하세요. 이런 과정이 반복되면 나중에는 저처럼 게임을 좋아하기는 하는데, 다른 중요한 일들을 우선 처리하다 보면 1년 내내 게임을 할 시간이 없을 수도 있습니다. 그래도 저는 여전히 게임을 좋아하고, 이 감정은 소중하다고 생각합니다.

SNS를
멈출 수 없는 이유

우리는 20년 전과 완전히 달라진 세상에 살고 있습니다. 인터넷이 상용화되면서 곧이어 2000년대 초반 대중적인 SNS 플랫폼이 등장합니다. 2003년에는 MySpace, 2004년에는 Facebook, 2006년에는 Twitter 등이 시작됩니다. 이어서 2007년에 아이폰을 시작으로 스마트폰이 출시되면서 그야말로 폭발적으로 SNS 시장이 성장합니다. 2010년 Instagram, 2011년에 Snapchat 등이 등장하면서 이들 기업은 폭발적인 성장을 합니다. 이제 손에 든 스마트폰을 이용해서 SNS를 이용하는 것은 사람들의 삶의 일부가 되었습니다. 이런 시대에 태어난 아이들은 아무런 의심 없이 손 안의 편리함을 누리고 있습니다.

문제는 아무 의심 없이 예쁜 사진을 찍고, 이를 게시하고, 공유하고, 좋아요를 누르는 일상 속에서 예기치 못한 부작용들이 생긴다는 점입니다. 2023년 화제작인 『도둑맞은 집중력』의 저자 요한 하리는 미국의 10대들이 한 가지 일에 65초 이상 집중하지 못하고, 직장인들은 평균 3분만 집중을 할 수 있다는 충격적인 이야기를 전합니다. 주변을 둘러보면 10대들의 스마트폰 화면은 65초보다 더 짧은 간격으로 바뀌는 것 같습니다. 그들의 화면은 빠르게 움직이는 손가락에 맞추어 쉬지 않고 빠르게 바뀝니다. 그들이 보는 영상의 길이는 점점 짧아지고, 1분 미만의 영상들이 쇼츠의 형태로 퍼져 나갑니다. 이제 10분 길이의 영상도 지루하다고 느끼는 시대입니다.

이런 환경에 익숙해진 아이들이 공부를 할 수 있을까요? 고등학교의 수업 시간은 50분입니다. 50분간 수업에 집중을 해야 하는데, 미국의 10대들은 65초를 집중한다고 합니다. 약 1분 정도를 집중하고 집중력이 깨지는 겁니다. 인터넷 강국인 대한민국의 10대들도 크게 다를 것 같지 않습니다. 1분을 겨우 집중하는 학생들이 50분의 수업을 들을 수 있을까요? 불가능에 가까울 겁니다.

수능이라는 시험은 이들에게 더욱 문제가 됩니다. 수능 시험을 보기 위해서 집중해야 하는 시간은 다음과 같습니다. 1교시 국어 영역 80분, 2교시 수학 영역 100분, 3교시 영어 영역 70분, 4교시 한국사와 탐구 영역은 100분을 집중해서 문제를 풀어야 합니다. 이렇게 아침 8시 40분부터 탐구과목까지 시험을 본다면 오후 4시 37분까지 집중력을 유지해야 합니다. 65초를 집중하는 세대들에게는 미션 임파서블이라고 생각됩니다.

이 시대에 태어난 아이들은 자연스럽게 '65초 집중세대'가 됩니다. 부모 세대들은 스마트폰에 중독되는 경우가 적을 것이라고 생각됩니다. 40대 이상들은 스마트폰, 인터넷 없이 유년 시절을 보냈습니다. 스마트폰이 없는 생활에 충분히 익숙합니다. 그들은 어린 세대들보다 제한적으로 스마트폰을 사용할 수밖에 없습니다. 과학기술정보통신부가 2023년 발표한 스마트폰 과의존 실태조사 결과에서 이런 사실을 확인할 수 있습니다. 전국 17개 시도 1만 가구를 대상으로 면접조사 방식으로 진행된 이 연구에서 우리나라 스마트폰 이용자 중 과의존위험군의 비율은 2022년 기준 23.6%로 전년(24.2%) 대비 0.6% 감소했습니다. 문제는 연령대별로 차이가 크다는 점입니다. 청소년(만10~19세)

만 40.1%(+3.1%p)로 전년 대비 상승했습니다. 나머지 연령대는 스마트폰 과의존 정도가 청소년에 비해 현저히 낮았고, 전년 대비 감소한 수치를 보여주었습니다. 유아동(만3~9세)은 26.7%(-1.7%p), 성인(만20세~59세)은 22.8%(-0.5%p), 60대는 15.3%(-2.2%p)를 각각 기록했습니다. 10~19세에 해당하는 청소년들의 스마트폰 의존은 점점 더 심해지고 있습니다.

청소년들이 스마트폰에 빠져드는 시기는 본격적인 학업이 시작되는 시기와 겹칩니다. 공부가 시작되면서 생기는 스트레스를 스마트폰 사용으로 해결하는 이들이 늘고 있다는 합리적인 추론을 해볼 수 있습니다. 게임과 마찬가지로 동료 집단과의 사회적 관계를 맺기를 원하는 청소년기의 욕구가 SNS와 맞물리면 그들은 온라인에서의 관계에 집착하게 됩니다. 지금 상황은 청소년들이 스마트폰 의존을 부추기고 있습니다. 이는 학업 역량을 떨어뜨리는 것 외에도 중독에 따른 추가적인 문제를 야기할 수 있습니다.

스마트폰도 게임과 마찬가지로 통제를 할 수 없고 일상을 방해하는 수준에 이르면 문제가 됩니다. 스트레스 받을 때 무심결에 인스타그램을 클릭하고 친구들의 게시물을 보고 좋아요를 누르는 일상을 보내고 있나요? 점점 온라인에서 보내는 시간이 많아지고, 일상이 방해받는 것이 느껴진다면 다음 기준에 따라서 자신의 스마트폰 의존도를 점검해 보세요.

- **시간**: 스마트폰을 사용하는 시간이 지나치게 많은지 확인합니다. 일상생활에서의 활동이나 사회적 상호작용, 수면 등 다른 중요한 영역

에 영향을 주는지 파악합니다.

- **강박적 사용**: 스마트폰 사용이 강박적이며, 그와 관련된 생각이 지나치게 많은지 확인합니다.
- **내성**: 스마트폰 사용량을 줄이려고 노력하더라도 성공하지 못하거나, 사용량이 점점 더 증가하는지 여부를 살펴봅니다.
- **철저한 현실과의 분리**: 스마트폰 사용으로 인해 현실 세계와의 접촉이 점점 줄어드는지 확인합니다.
- **생활 영역 침해**: 스마트폰 사용으로 인해 학업, 직장, 가족 등의 생활 영역에 부정적인 영향을 미치는지 살펴봅니다.
- **유해한 영향**: 스마트폰 사용이 유해한 영향을 미치는지, 신체적 또는 정신적인 건강에 문제를 유발하는지 확인합니다.

SNS를
멈추어야 하는 이유

우리 일상에 너무나 자연스럽게 스며든 SNS를 왜 군이 멈추어야 하는지 의문일 수 있습니다. 일단 지금 스마트폰 사용에 대해서 여러분이 객관적으로 판단할 수 있는 자료를 제시하겠습니다. 스마트폰 사용을 자제해야 하는 이유는 글을 읽고 이해하는 문해력이 떨어지기 때문입니다. 스마트폰으로 텍스트가 아닌 영상을 주로 접하고, 주의 집중력이 분산되기 때문에 수능을 비롯한 각종 시험을 대비할 수 있는 문해력이 떨어지는 것이 스마트폰이 학생들에게

플라톤은 사물보다 사물의 의미가 미리 존재한다고 보았다. 그래서 그는 사물에는 그것을 만든 '제작자'가 부여한 '필연적 의미'가 있을 수밖에 없다고 보았기 때문에 우리가 사는 세계 역시 제작자가 필연적 의미에 따라 형성한 것이라고 생각했다. 그러나 루크테리우스는 세계가 원자들로 구성되어 있으며, 세계는 자발적으로 움직이던 원자들이 우연히 마주쳐 응고되면서 생성되었을 뿐이라고 주장하였다.

루크테리우스는 세계가 형성되기 전에는 무수히 많은 원자들이 원자 그 자체의 무게로 인해 서로 평행하게 떨어지는 상태에 있었다고 생각했다. 이때 수직 낙하하던 원자들 중 하나의 원자가 평행 상태가 깨져 거의 느껴지지도 않을 것 같은 미세한 편차로 기울게 되면 결국 옆의 원자와 마주치게 되는데, 이 마주침으로 인해 수많은 원자들이 연속해서 마주치게 되면서 원자들이 응고되고 그 결과 세계가 형성되었다고 본 것이다. 그는 한 원자에서 발생한 미세한 편차를 '클리나멘'이라고 명명했는데, 원자들이 마주치거나 응고하는 방식은 미리 결정되지 않았다고 주장하였다. 그런 점에서 우리가 살고 있는 세계는 우연의 산물일 뿐이라고 본 것이다. 그러나 제작자가 필연적 의미에 따라 세계를 형성한 것이라는 생각이 서양 철학의 주류를 형성하고 있었기 때문에 이러한 루크테리우스의 생각은 크게 주목받지 못했다.

한편 기계 발명 및 기술 혁신을 계기로 발생한 산업 혁명 이후 크게 발달한 자본주의는 빈부 격차 현상을 심화시켰고 이는 자본가와 노동자 간의 심각한 대립을 초래하였다. 이에 일부 철학자들은 경제적인 것이 인간 사회의 구조 및 역사 발전 방향을 결정하는 유일한 원리라고 주장하며, 자본가와 노동자의 갈등은 이미 정해진 역사 발전의 수순을 따르는 것에 불과할 뿐이고 자본주의는 곧 인류 역사에서 사라질 것이라고 주장하였다. 하지만 알튀세르는 복잡하고 다양한 사회 구조와 인류의 역사 발전 과정을 한 가지 원리로만 해석할 수 없다고 보았다. 또한 그는 루크테리우스의 철학에 영감을 받아 지금까지의 인류 역사의 흐름은 정해진 역사 발전의 수순을 따른 것이 아니라 단지 우연의 결과에 지나지 않을 뿐이라고 주장하였다. 그는 18세기의 이탈리아가 자본과 기술, 노동력처럼 자본주의가 발생할 수 있는 조건을 갖추었음에도 자본주의가 발생하지 않은 사례를 통해, 많은 요소들이 우연히 마주치고 응고되어야 자본주의가 발생하는 것이지 경제적인 것이 모든 것을 결정하는 것은 아니라고 생각했다.

만약 이 세계가 선재된 하나의 원리에 의해 만들어진 것이라면, 인간은 이미 방향이 제시된 역사의 흐름을 따르는 존재에 불과할 수 있다. 그런 점에서 세계 형성의 우연성을 주장한 루크테리우스와 알튀세르의 주장은 우리가 살고 있는 세계에 '새로운 마주침'을 시도함으로써 다른 세계로 나아갈 수 있다는 점을 시사했다는 점에서 의의가 있다.

미치는 가장 현실적인 부정적인 영향입니다. 다음은 2023학년도 국어 영역의 문항입니다. 이 글을 읽고 이해할 수 있는 집중력과 문해력을 여러분이 갖추고 있는지를 스스로 측정해 보시기 바랍니다.

초중등 학생이라면 이 정도의 글을 이해하지 못하는 것을 당연하다고 인식할 수 있습니다. 그런데 나이가 든다고 해서 문해력이 덩달아 향상되는 것은 아닙니다. 스마트폰, 게임에 더 많은 시간을 투자할수록 문해력은 지금보다 더 떨어질 수도 있습니다. 스마트폰 문제에 대해서는 결론이 명확히 있습니다.

스마트폰을 사용하지 않거나, 사용한다면 자제해야 합니다.

이 명제를 여러분들에게 친절하게 설득하기 위해서 다양한 이야기를 지금부터 할 겁니다. 의심 없이 사용하고 있는 스마트폰, SNS에 대해서 자기 자신이 먼저 문제 의식을 가져야 합니다. SNS를 개발한 사람들조차 자신들이 개발한 것들에 대해서 스스로 회의를 느끼고 있습니다. 안데르스 한센의 『인스타 브레인』에서는 페이스북의 '좋아요' 기능을 개발한 로젠스타인의 이야기를 들을 수 있습니다. 그는 자신의 개발물에 대해서 이렇게 말합니다.

"선의를 가지고 개발했지만 나중에 자신의 창조물이 생각지도 못한 부정적인 영향을 주는 모습을 발견하는 것은 일반적이다."

그는 페이스북과 같은 앱들이 헤로인(마약의 일종)과 같은 중독성이 있다고 판단을 해서 페이스북 사용을 자제하고 스냅챗은 삭제하기로 했다고 합니다. 그리고 자신의 휴대전화 사용 습관을 바꾸기 위해서 부모가 자녀의 휴대전화 사용을 제한할 때 설치하는 기능을 자신의 휴대전화에도 설치했다고 합니다. SNS의 개발자들도 개발 때는 생각하지 못한 중독의 위험성을 인지하고 이를 극복하기 위한 노력을 하고 있습니다.

아이폰을 개발한 애플의 전 CEO 스티브 잡스는 자신의 자녀에게 아이패드를 비롯한 모바일 기기 사용을 엄격하게 제한한 것으로 유명합니다. 마이크로소프트의 CEO인 빌 게이츠 또한 14세 이전까지는 아이들의 휴대전화 사용을 금지했습니다. 4차 산업혁명 시대를 맞이해서 아이들에게 휴대폰을 쥐여줘야 한다는 생각은 위험합니다. 빌 게이츠의 미래에 대한 선견지명은 누구보다 뛰어났을 겁니다. 하지만 미래를 대비하는 효과보다 당장의 부작용이 더 심각하다고 생각했기 때문에 14세까지 기를 쓰고 자녀에게 휴대폰을 내어주지 않은 겁니다. 초등학교 1학년 학생들도 목에 휴대폰을 걸고 다니는 대한민국의 현상에 대해서 부모들은 멈추어 고민을 할 필요가 있습니다.

SNS가 청소년들에게 미치는 심각한 영향을 다룬 다큐멘터리 한 편을 추천합니다. 넷플릭스의 다큐멘터리 〈소셜 딜레마The Social Dilemma〉는 소셜미디어 기업의 내부에서 직접 일한 전문가들과 기술 종사자들의 인터뷰를 중심으로 구성되어 있습니다. 세계적인 SNS 기업에서 일한 이들이 어떤 기술과 이론을 이용해서 사용자들인 10대들을 중독시키는지를 양심 고백합니다. 그들은 다큐 속 인터뷰에서 소셜미디어의 설계와 작동 방식, 알고리즘의 사용, 개인 정보의 수집과 활용 등에 대해 설명합니다. 이러한 요소들이 사용자의 행동을 조작하고 중독적인 경험을 유도하는 방법을 말해줍니다. 이들의 말에 따르면 SNS는 세계에서 제일 똑똑하다는 사람들이 실리콘밸리에 모여서, 10대들이 조금이라도 더 스마트폰 앱을 사용하도록 유도하는 공간입니다. 채팅을 할 때 언젠가부터 상대방이 무언가를 입력을 하면 꾸물대는 아이콘이 생기기 시작했습니다. 이것은 대화 상대방으로 하여금 상대방의 대화를 기다리게 만드는 장치입니다. 생각해 보세요. 내가 좋아하는 상대방이 무언가를 입력하고 있다면 당연히 채팅을 끝내서는 안 됩니다. 상대방의 채팅을 확인하고 나도 무언가 한마디 더 하기 위해서 입력을 시도할 때 상대방은 또다시 채팅창에서 꾸물대는 것을 보면서 기다립니다. 이렇게 사용자들은 계속해서 앱을 끌 수 없는 상태가 되는 겁니다.

『도둑맞은 집중력』의 저자 요한 하리는 자신의 책에서 전 구글 엔지니어인 트리스탄이 구글에서 알아낸 비밀을 공유합니다. 트리스탄은 〈소셜 딜레마〉 다큐에 주연으로 출연해서 세계적인 인기를 얻었습니다. 구글에서 성공은 주로 '참여도'로 측정된다고 합니다. 참여도는 사용자의 시선이 상품에 머무는 시간으로 정의됩니다. 사람들이 스마트폰을 오래 들여다볼수록 그들은 더 많은 광고를 보게 되고, 구글은 돈을 벌게 됩니다. 그게 그들이 정의한 성공인 겁니다. 10대들이 온라인을 통해서 관계를 유지하면서 행복하게 생활하는 것이 그들이 생각하는 성공이 아닙니다.

이런 성공의 기준을 가진 구글을 비롯한 SNS 기업에서 일하는 직원들은 사람들을 더 많이 '참여'시키는 데 집중합니다. 실리콘밸리의 IT 기업에는 세계적인 인재들이 모여 있습니다. 그들은 인간의 심리와 관련 연구, 기술을 활용하면서 여러분들이 스마트폰을 더 오래 사용하도록, 손에서 놓지 못하도록 연구를 하고 있습니다. 스마트폰과의 전쟁은 애초부터 이길 수 없는 싸움입니다.

이 시대를 꿰뚫는 사람들은 스마트폰, SNS를 멀리하고 있습니다. 세계적인 영화감독 크리스토퍼 놀란은 한 인터뷰에서 자신은 인터넷에 연결되지 않은 컴퓨터로 영화 대본을 쓴다고 밝혔습니다. 그는 지난 2020년 인터뷰에서도 스마트폰을 사용하지 않으며 가끔씩 플립폰을 사용한다고 말했습니다. 그는 주의가 쉽게 산만해지기 때문에 지루할 때마다 인터넷에 접속하고 싶지 않다고 말합니다. 사람들이 온라인 활동으로 채우는 그런 중간중간에 자신은 최고의 생각을 한다고 말합니다. 그는 이메일을 통해서 사람들과 연락하는 것을 싫어하며 그냥 유선 전화로 사람들에게 전화를 건다고 합니다. 이메일을 확인하기 위해서 인터넷에 접속하는 순간 원하지 않는 정보에 휩쓸리게 되는 것을 사전에 방지하는 것이겠죠. 요즘 유선 전화로 전화를 걸면 꼰대로 분류된다고 하니 크리스토퍼 놀란 감독은 한국에 오면 꼰대 감독이 될 겁니다. 하지만 그가 왜 여전히 최고의 상상력을 발휘하는 감독인지 인터뷰 내용을 통해서 알 수 있습니다. 최고의 생각은 인터넷 세계에 없습니다. 책 속에, 여러분의 머릿속에 있습니다.

유럽의 각 나라들은 스마트 기기들이 교육에 미치는 부정적인 효과를 인식하고 이를 막기 위한 노력을 시작했습니다. 학교에서나 수업 중 스마트폰의 사용을 금지하는 나라가 늘고 있습니다. 스마트폰이 집중력 저하, 학습에 부정적인 영향을 미친다는 연구들이 이 결정을 뒷받침합니다. 대표적으로 프랑스는 2018년부터 초등학생들의 스마트폰 사용을 금지하는 법안을 시행했습니다. 이탈리아는 2022년 12월에 수업 중 스마트폰 사용 금지 조치를 내렸습니다. 2023년 핀란드 정부는 수업 중 모바일 기기 사용을 제한하기 위해 관련 법 개정을 추진한다고 밝혔습니다. 네덜란드 교육부는 2024년 1월 1일부터 교실에서 휴대전화, 태블릿PC, 스마트 워치 등의 전자기기 사용을 금지한다고 밝혔습니다. 금지 조치가 효력이 잘 나타나지 않으면 법적으로 규제할 계획이라고 합니다.

현대 사회를 살아가면서 인터넷 사용을 안 할 수는 없을 겁니다. 어린 학생이라면 무조건 스마트폰 사용은 늦게 시작하는 것을 추천합니다. 이미 사용을 시작했다면 철저한 통제하에 사용할 수 있어야 합니다. 이를 위해서는 SNS가 청소년들에게 미치는 부정적인 영향에 대해서 스스로 경각심을 가질 필요가 있습니다. 다음은 SNS가 청소년들에게 미치는 부정적인 영향들입니다.

- **우울과 불안**: SNS에서의 사회적 비교, 부정적인 피드백, 사생활 침해 등이 청소년들의 우울증과 불안장애 위험을 증가시킬 수 있습니다.
- **자기 이미지 문제**: SNS는 외모, 몸매, 인기 등과 관련된 외적인 요소들의 강조를 유발할 수 있습니다. 청소년들은 자기 이미지에 대한 불만족감이 증가할 수 있으며, 신체적인 자존감 문제와 섭식장애 등과 연관될 수 있습니다.
- **사회적 관계 문제**: SNS는 가상의 사회적 관계와 현실적인 사회적 관계의 간극을 만들 수 있습니다. 일부 청소년들은 SNS에서의 사회적 상호작용에 의존하게 되고, 현실적인 사회적 관계의 부족이나 소

외감을 경험할 수 있습니다.

- **수면 문제**: SNS 사용은 청소년들의 수면 패턴에 부정적인 영향을 미칠 수 있습니다. 스마트폰이나 태블릿을 침대에서 사용하거나, 밤늦게까지 SNS에 접속하는 경우 수면 부족 문제가 발생할 수 있습니다. 이는 일상생활에서 집중력 저하로 이어집니다.

스마트폰을 통제하지 못하면 내 삶의 주도권이 스마트폰에 넘어가게 됩니다. 사용을 안 할 수는 없지만 철저하게 내가 필요할 때 말 그대로 스마트하게 사용할 수 있어야 합니다. 이는 훈련이 필요합니다. 본능대로 사용을 하게 되면 점점 사용 시간이 늘어날 수밖에 없는 구조입니다. 스마트폰을 손에서 놓고 있지 못하다면 아래와 같이 스마트폰을 통제하는 훈련을 시작하세요. 누구나 초기에는 스마트폰에 다소 중독될 수 있습니다. 이것은 훈련을 통해서 극복해야 하는 문제입니다. 공부뿐 아니라 남은 인생에서도 스마트폰을 통제하는 힘은 중요하게 작용할 것입니다.

- **스마트폰 사용 목적 설정**: 스마트폰 사용 목적을 명확히 설정하세요. 스마트폰은 잘 쓰면 스마트하게 활용할 수 있습니다. 정확한 목적을 설정하세요. 인기 앱을 무작정 깔지 마세요. 필요 없는 앱을 모두 지우고, 딱 필요한 기능만 사용하는 연습을 하세요.
- **시간 관리 훈련**: 스마트폰을 사용하는 시간을 정하세요. 수시로 사용해서 안 됩니다. 하루 중 스마트폰을 사용할 시간을 정확하게 정하고 이를 지키려고 노력하세요.

- **디지털 디톡스**: 일정 기간 동안 스마트폰 사용을 최소화하거나 일시적으로 중단하는 디지털 디톡스를 실시하세요. 특히 자신과의 약속을 어기고 디지털 기기에 주도권이 넘어가는 느낌이 들 때는 과감하게 사용을 제한하세요.
- **대체 활동의 개발**: 스마트폰 중독에서 벗어나기 위해서는 이를 대체하기 위한 활동이 필요합니다. 여러분이 스마트폰을 사용하는 목적이 스트레스 때문이라면 스트레스 해소를 위한 새로운 활동을 개발하세요. 신체를 활용하는 활동은 몸과 마음의 건강에 큰 도움이 될 겁니다. 운동을 싫어하면 걷기를 추천합니다. 성공한 사람들은 모두 걷고 뛰었답니다.
- **스마트폰 알림 관리**: 학생들이 스마트폰을 사용하는 것을 보면 화면 상단에 끊임없이 알림이 뜹니다. 알림은 모두 끄세요. 우리에게 1분 1초가 급한 일이 있을 수가 없습니다. 친구의 채팅에 곧바로 답을 할 필요가 없습니다. 각종 알림이 우리의 집중력을 깨는 가장 큰 요인입니다.
- **정서적 균형 유지**: 스마트폰을 무절제하게 사용하게 되는 순간이 있을 겁니다. 그 순간을 내가 인식해야 합니다. 누구나 스트레스를 받거나 힘든 일이 있을 때 반작용으로 폭식을 하기도 하고, 게임에 빠져들기도 합니다. 그 순간을 인식하고 평소에 적절한 운동이나 명상을 통해서 정서적인 균형을 잃지 않도록 노력해야 합니다.
- **가족과 함께 노력**: 함께 노력하는 것은 가장 큰 힘이 됩니다. 특히 가족이 함께 디지털 디톡스를 위해서 노력을 하면 가장 효과가 큽니다. 가령 주말에 캠핑이나 여행을 갈 때는 스마트폰을 가져가지 않는 식

으로 스마트폰 없는 세상이 주는 감정, 생각을 충분히 누려야 합니다. 잘 아시겠지만 스마트폰을 들고 가면 세상 어디를 가더라도 스마트폰만 쳐다보게 됩니다.

2부   /

학생을 위한
진짜 공부 7단계

생각이 변하면
진짜 변화가 시작된다

작은
고백

      2부를 시작하며 저의 이야기를 살짝 고백해야 할 것 같습니다. 미리 말하지만 2부 내내 학생인 여러분들에게 공부하라고 잔소리를 할 예정입니다. 하지만 이 잔소리가 여러분을 향한 비난이 아니라 부끄러운 과거를 지워내기 위해서 하루하루 최선을 다해서 살고 있는 선배인 저의 애정 어린 이야기로 들렸으면 좋겠습니다. 그래서 여러분들을 위해서 어디서도 이야기한 적이 없는 저의 이야기를 하려고 합니다.

지금 40대 이상인 부모님들은 학창 시절에 1997년 IMF 금융위기를 겪었던 세대입니다. 한국의 기업들이 줄지어 파산하고 대량 실직이 일어났습니다. 그때는 사정이 안 어려운 집을 찾기 어려웠습니다. 저희 집도 그중 하나였습니다. 중학교 때쯤부터 집안 형편이 어렵다는 것을 알 수 있었고, 이런 상황은 그 뒤로 쭉 이어졌습니다. 부모님께 집에 돈이 얼마 있는지를 여쭤볼 수는 없었지만 돈이 없다는 것쯤은 잘 알 수 있었습니다. 그때도 나이키, 아디다스 같은 브랜드들이 유행했답니다. 신발을 좋아하는 사람이라면 알 수도 있는 나이키 에어맥스90, 95, 97 모델의 뒤에 붙은 숫자는 출시연도를 말합니다. 한국 경제가 바닥으로 향할 때 예쁜 신발들이 많이 나왔지요. 저는 학창 시절에 그런 신발은 꿈도 꿀 수 없었어요. 고등학교 때 남녀 공학으로 진학을 하면서 저도 브랜드 신발을 신고 싶어서 부모님께 2~3만 원 정도를 얻어 부산의 서면 지하상가를 뒤져서 제일 싼 아디다스 신발을 샀던 기억이 납니다. 저는 그 신발을 구멍이 날 때까지 신었습니다. 그래도 공부는 진짜 열심히 했어요. 이거 아니면 내 인생에 미래가 없다는 마음으로 무작정 열심히 했어요.

그런데 수능에서 원하는 성적을 받지 못했답니다. 2001학년도 수능은 역사적인 물수능으로 문제가 너무 쉽게 나오는 바람에 거의 다 맞아야 목표하던 대학에 입학이 가능했는데 저는 그러지 못했어요. 그마저도 실력으로 극복을 했어야 했는데 그때는 그런 마음보다는 세상에 대한 원망이 컸어요. 대학에 가려고 하니 등록금이 걱정되어서 전국에서 가장 학비가 저렴한 학교를 찾았습니다. 그리고 안정적인 직장으로 교사를 선택하면서 저의 진로는 그때 그렇게 결정이 됩니다.

집에 돈이 없는 것도 짜증 나고, 수능에서 정점을 찍지 못한 것도 짜증 나서 저의 대학생활은 엉망 그 자체였어요. 현실을 바꿀 의지와 용기는 없으면서 세상에 대한 분노만 가득했습니다. 그러면서 노력은 하나도 하지 않았어요. 낮에는 농구를 하고, 밤에는 게임을 하면서 시간을 죽였습니다. 그렇게 저의 20대 초반은 다 흘러갔어요. 인생에서 가장 혼란스럽고 안타깝고 부끄러운 시기입니다.

제가 본격적으로 정신을 차린 것은 군에 입대한 이후입니다. 늦은 나이에 공군 학사장교로 입대하게 되었는데 군생활 동안 귀감이 되는 분들을 많이 만났습니다. 서울대를 졸업하고 수학자가 되기 위해서 군생활 당시 밤늦게까지 공부하시던 중위님이 계셨어요. 키도 크고 잘생기고 학벌도 좋은데 인성까지 좋았어요. 미워하고 싶은 엄친아인데 미워할 수가 없었습니다. 그분은 운동을 정말 좋아했는데 자신이 공부를 할 분량이 있으면 꿈쩍도 안 하고 책상에 앉아서 공부를 하던 모습이 충격이었습니다. 그분은 제대 이후에 미국에서 박사 과정을 밟고 현재 카이스트 수리과학과 교수님으로 수학을 일상에 적용하는 방법에 대해 연구 중이시랍니다. 개인적으로 대중 강연을 하셔도 전국적인 명성을 충분히 얻으실 것이라는 확신이 드는 분인데 수학 연구할 시간도 아까워서 책이나 강연은 많이 못 하신다고 합니다. 마지막까지도 저에게 대단한 영감을 주셨지요.

군대에서 이분 외에도 정말 영감을 주는 분들을 많이 만났습니다. 왜 군대에서 제 인생에 큰 영향을 미친 분들을 많이 만났는지를 생각해 보면 그때가 저 스스로 인생을 대하는 태도를 바꾼 때이기 때문인 것 같습니다. 저는 더 이상 세상에 분노하면서 스스로는 노력을 하나도 안 하는 껍데기 같은 삶을 살고 싶지 않았습니다. 그런 시절을 5년 정도 보내고 나니 결국 최대 피해자는 저 자신인 것을 알게 되었어요. 그래서 변하고 싶었습니다. 발전하고 싶었고 더 나은 사람이 되고 싶었습니다. 도서관에 있는 자기계발서를 모조리 읽었습니다. 그들의 삶을 흉내 내면서 성장하기 위해서 노력했습니다. 제가 쓰는 책들의 전개가 자기계발서와 비슷한 느낌이 들 수 있어요. 그때 읽은 수많은 자기계발서들의 영향일 겁니다. 그리고 성장하고자 주변을 둘러보니 주변 분들의 좋은 점만 보이더군요. 세상이 온통 배움의 대상이었습니다. 좋은 것이 있으면 따라 하려고 노력했습니다. 그리고 그때 군대에서 우연히 보게 된 대학 선배인 EBS 강사 허준석 선생님의 강의는 제 마음에 목표를 심어 주었습니다. EBS 강사가 되고 싶다는 마음은 그때 그렇게 만들어졌습니다.

이후에 또 말씀드리겠지만 EBS 강사가 되는 길은 그리 쉽지 않았습니다. 제대하고 8년간 낙방을 거듭한 끝에 여러분들에게 EBS를 통해서 강의를 할 수 있게 되었답니다. 그런데 저는 그 시간을 충분히 견딜 수 있었습니다. 만약 제가 저의 재능이나 능력을 무기로 삼았다면 강사 오디션 탈락이 충격으로 다가왔을 겁니다. 저보다 재능이 더 뛰어난 강사에게 제가 진 셈이니까요. 하지만 군대 이후에 저의 무기는 '노력'이었거든요. 올해 떨어지면 내년에 더 노력해서 지원하면 된다는 마인드였습니다. 그렇게 매년 노력한 끝에 EBS 강사가 되었을 때 저는 다른 어떤 사람보다도 더 독한 사람이 되어 있었습니다. 그래서 지금 하는 일을 계속할 수 있다고 생각합니다.

제 인생에 대박은 없었습니다. 코인이나 주식, 부동산으로 대박이

난 적도 없습니다. 하루하루 개미처럼 일해서 돈을 모았고, 엄청난 수입은 없기에 평생을 절약하려고 노력했습니다. 돈을 엄청 벌어 플렉스하면서 사는 삶을 꿈꾸는 학생들에게는 재미없는 삶일 수 있습니다. 그래도 저는 저의 삶을 꼭 소개하고 싶습니다. 저는 세상을 원망하면서 하루하루 허송세월을 보내는 삶에서 매일 노력하는 삶으로 바뀐 것만 해도 제 인생의 큰 성공이라고 생각합니다. 이 삶을 여러분에게 꼭 소개하고 싶습니다. 지금 어떤 상황에 처해서 공부하는 것이 힘들고 세상이 원망스러운 학생들이라면 2부의 내용을 하나하나 잘 읽어주면 좋겠습니다.

냉정에서 열정으로, 부정에서 긍정으로

전국적인 명성을 가진 강연가들이 가장 두려워하는 강의가 중학생 대상 강연이라는 말이 있습니다. 저에게도 그렇습니다. 중학생들이 진짜 공부를 시작했으면 하는 마음에 전국의 중학교에 강연료를 따지지 않고 출강을 가지만, 학생 강연은 언제나 두렵습니다. 중학생들이 두려운 이유는 강연을 들을 마음이 없는 학생들이 다수이기 때문입니다. 강연이 시작되기도 전에 일부 학생들은 자거나 스마트폰으로 게임을 하고 있습니다. 이렇게 마음의 문을 닫은 학생들에게는 대한민국 최고의 강연가가 와도 변화를 일으키기 어렵습니다.

혹시 지금 공부도 생각대로 안 되고 짜증이 나고 답답한 상황이라면 먼저 태도의 변화가 필요합니다. 세상에 무심한 마음에 뜨거운 열정을 불어 넣어야 합니다. 이런 태도의 변화는 내가 마음만 먹으면 바뀔 수 있다는 점에서 수월한 면이 있지만, 생각보다 뜨거워지기란 쉽지 않기도 합니다. 뜨겁게 하루를 살고자 하는 학생들을 차갑게 식히는 것은 스마트폰입니다. 스마트폰을 만지작거리다 보면 하루가 순식간에 지나갑니다. 자신이 어떤 사람인지 탐색하지 않아도, 세상에 관심을 갖지 않아도 스마트폰의 반짝이는 화면만 바라보다 보면 아무 고민이 없어집니다.

『인스타 브레인』의 저자 안데르스 한센의 말에 따르면 우리는 하루에 2,600번 휴대폰을 만지고, 깨어 있는 동안 평균 10분에 한 번씩 휴대폰을 본다고 합니다. 유튜브의 자극적인 영상들이 학생들의 관심을 가져가고, SNS의 게시물들 또한 학생들의 시간과 관심을 빼앗습니다. 스마트폰 화면 상단에 쉼 없이 팝업으로 뜨는 알림들이 학생들을 세상에 무관심하게 만들고 있습니다. 세상이 아닌 스마트폰만 쳐다보고 있어서는 어떤 변화도 시작할 수 없습니다.

정말 변하고 싶다면 세상에 대해서 냉정한 태도를 열정으로 바꾸어야 합니다. 이것은 마음만 먹으면 지금 당장 바꿀 수 있습니다. 여러분에게는 이런 엄청난 힘이 있습니다. 제2차 세계대전 때 유대인이라는 이유로 나치군의 강제수용소에 끌려갔던 오스트리아의 의사 빅터 프랭클은 자신의 저서인 『죽음의 수용소에서』에서 '태도'의 중요성을 다음과 같은 말로 강조했습니다. 그는 아무 죄가 없는 억울한 죄수가 되었지만, 자신의 태도의 힘을 바탕으로 강제수용소의 생활을 이겨낼 수 있었습니다.

"인간에게서 모든 것을 빼앗아가도 한 가지는 절대로 빼앗지 못한다. 그것은 어떠한 환경에서도 자신의 태도를 선택하는 인간의 궁극적인 자유이다."

주변 상황 때문에 공부에 집중할 수 없다고 생각하나요? 그것마저도 여러분의 태도나 관점의 변화를 통해서 극복할 수 있습니다. 인생에서 여러분의 태도를 결정할 수 있다는 것은 인생을 바꿀 수 있는 가장 큰 힘입니다. 그리고 우리 모두는 이런 힘을 갖고 있습니다. 태도만 바꾸어도 무시무시한 변화가 시작됩니다. 지금 가지고 있을 수 있는 부정적인 생각들을 어떤 태도나 관점으로 바꾸어야 할지 예로 들어보겠습니다. 이런 식의 사고를 통해서 여러분들이 겪고 있는 거의 모든 문제를 긍정적으로 생각할 수 있을 겁니다. 누군가는 스스로를 위로하는 정신승리라고 비웃겠지만 정신패배보다 정신승리가 훨씬 더 훌륭한 출발이고, 정신패배보다 정신승리가 결과의 승리까지 이어질 확률이 훨씬 더 높습니다. 명시하세요. 태도의 변화는 인간이 가진 가장 강력한 힘이고, 변화의 원동력입니다.

부정적 생각 내신8등급이라서 인생 망했다.
긍정적 생각 8등급에서 1등급으로 올라가는 기적의 주인공이 되겠다.

부정적 생각 내가 사는 곳의 학원은 너무 별로다.
긍정적 생각 학원의 도움 없이 나의 힘으로 기적을 만들겠다.

부정적 생각 우리 집은 가난해서 공부하기 너무 힘들다.

긍정적 생각 내가 공부로 성공해서 우리 집안을 일으키겠다.

부정적 생각 나는 스마트폰 중독이라서 공부하기 힘들다.

긍정적 생각 중독을 극복하고 내 인생을 반드시 성공으로 이끌겠다.

부정적 생각 우리 반 꼴찌라서 삶에 희망이 없다.

긍정적 생각 전교 꼴찌도 수능 만점을 받더라. 노력하면 다 이길 수 있다.

끌고 갈 것인가, 끌려갈 것인가

저는 새벽 5시 근처에 일어나서 하루를 시작하고 있습니다. 이때 일어나서 나가면 도로에는 차가 없고, 어디든 막힘 없이 이동할 수 있습니다. 이렇게 이동해서 오전 7시에 문을 여는 스타벅스에 첫 손님으로 입장을 해서 커피 한 잔을 마시면서 일을 하는 것을 좋아합니다. 타고나기를 부지런한 성격은 아닙니다. 저는 지금도 깨우지 않으면 하루 종일 잘 수 있습니다. 집에서도 아이들이 없었다면 청소도 빨래도 안 하고 하루 종일 뒹굴거렸을 겁니다. 총각 때 이렇게 살아 본 경험이 있어서 저 스스로를 잘 파악하고 있습니다. 그런 제가 새벽 5시에 일어날 때 마음속으로 다짐합니다.

"삶에 끌려가고 싶지 않다."

잠자리에서 버둥거리다 일어나서 집을 나서면 7시만 넘어도 도로에는 차가 가득합니다. 1시간 걸리던 길이 2시간 이상 걸립니다. 꽉 막힌 도로에서 시간을 보내고 일하러 이동하면 여유 시간이 남지 않습니다. 쫓기듯이 바로 업무에 돌입해야 합니다. 허겁지겁 일을 하다 보면 오전 시간이 다 가고 점심때에야 한숨을 돌릴 수 있습니다. 많은 사람이 이렇게 살고 있습니다. 저도 늦게 집을 나서면 어김없이 겪는 일입니다. 이때 느끼는 감정은 피곤함 이상입니다. 제가 삶에 질질 끌려가는 느낌이 듭니다. 대상은 없지만 누군가에게 진 것 같은 느낌이 듭니다. 그래서 어차피 평생 일하며 살아야 한다면 제가 삶을 끌고 가고 싶습니다. 우리는 선택을 해야 합니다.

삶에 끌려갈 것인가?
내가 삶을 끌고 갈 것인가?

이 책을 읽고 있는 학생들은 공부 때문에 고민하고 있을 겁니다. 한 가지 사실은 분명합니다. 여러분에게 공부 외에 특출난 재능이 있는 것이 아니라면 여러분은 공부를 해야 합니다. 공부가 아닌 다른 길을 걷기로 결심한 것이 아니라면 여러분은 매일 공부를 해야 할 겁니다. 만약 여러분들이 공부를 힘들다고만 생각하면 매일이 힘들게 느껴질 겁니다. 공부는 하기 싫은데 하루 대부분의 시간을 하기 싫은 것을 하면서 보내야 하는 삶이 얼마나 지루하고 고통스러울까요. 실제로 여러분이 이런 하루하루를 보내고 있을 수 있습니다. 이것은 끌려가는 삶입니다.

여러분이 삶을 끌고 갈 수 있습니다. 어떤 생각과 태도로 하루를 사느냐에 따라서 여러분의 의지대로 삶을 끌고 갈 수 있습니다. 저는 새벽에 출근해서 하루 종일 다양한 장소에서 수많은 사람을 만나게 됩니다. 제가 느끼기에는 세상 사람들 모두가 일을 하고 있습니다. SNS 속에서는 대다수의 사람이 여행 다니고, 여가를 즐기면서 놀고 있는 것 같지만 제가 살아가는 하루하루에서 만나는 사람들은 모조리 새벽부터 밤까지 일을 하고 있습니다. 일을 해야 한다는 것은 현대인의 초기 설정 같습니다. 저는 궁금합니다. 과연 그들은 자신의 삶을 끌고 가고 있을까요? 아니면 끌려가고 있을까요? 겉으로 봐서는 알수가 없습니다. 모두가 일을 하고 있거든요. 자신만이 그 답을 알고 있을 겁니다.

제가 느끼는 저의 하루는 삶을 끌고 가고 싶은 저의 의지와 삶이 저를 끌고 가려는 힘 사이의 줄다리기 같습니다. 새벽에 당당하게 일어나서 하루를 시작할 때는 저의 의지로 하루를 끌고 가는 것 같지만, 일이 힘들고 지쳐서 마음이 우울해질 때는 삶에 질질 끌려가는 느낌이 듭니다. 계속 끌려갈 수는 없습니다. 저는 다시 줄을 꽉 잡고 저의 의지대로 삶을 끌고 가려고 노력합니다.

공부를 시작하는 나이가 어린 여러분들이 스스로의 의지로 하루를 끌고 가기 위해서는 더 많은 노력이 필요할 것이라는 생각이 듭니다. 하지만 여러분의 의지로 공부를 하고, 스스로 계획하고 실행하면서 하루를 힘있게 보내는 연습을 하면 평생 여러분에게 도움이 될겁니다. 여러분도 주변을 보세요. 모두가 공부를 하고 있죠? 어른들은 모두 일을 하고 있을 겁니다. 이건 피할 수가 없습니다. 하지만 어떤 태도로 하루를 사느냐에 따라서 우리는 달라집니다. 거기서부터 변화를 시작해 볼게요.

나의 적은
내 자신

진짜 공부를 시작할 때 가장 큰 적은 바로 나 자신입니다. 우리는 변화를 위해서 어제와 다르게 오늘을 살려고 하면 금세 포기하게 됩니다. 이에 대한 여러 가지 근거가 있는데, 기본적으로 우리 두뇌는 변화를 좋아하지 않습니다.

1950년대 미국의 의사이자 신경과학자인 폴 맥린 교수는 '삼위일체 뇌Tribune Brain'이론을 제시했습니다. 그는 인간의 뇌는 가장 안쪽에 생명 기능을 담당하는 파충류의 뇌라고 불리는 뇌간, 그 바깥쪽에 감정 작용을 하는 대뇌변연계, 가장 바깥쪽에 이성과 사고 기능을 담당하는 대뇌피질로 구성된다고 주장합니다. 이후 여러 후속 연구가 있지만, 아직도 삼위일체 뇌의 개념은 자주 인용되곤 합니다. 두뇌가 크게 세 부분으로 나뉘어 뇌간은 생존을 담당하고, 변연계는 감정을 담당하고, 대뇌피질은 언어, 계산, 사고와 같은 인지 기능을 한다는 것이 이 이론의 핵심입니다.

이 중 가장 안쪽에 위치한 파충류 뇌는 인간의 뇌에서 진화적으로 가장 오래된 부분으로 간주됩니다. '파충류 뇌'라는 이름은 파충류의 뇌 구조와 유사성을 갖고 있어서 지어진 겁니다. 이 원시 뇌는 사람의 생존과 본능적인 반응을 담당하는 부분입니다. 이 부분은 척수와 뇌간과 연결되어 있으며, 중요한 생리적 기능을 조절합니다. 호흡, 심장 박동, 혈압 조절, 근육 조절 등과 같은 자동적인 생체 활동을 관리합니다. 또한 주요한 본능적 반응인 두려움, 분노, 성욕 등과도 관련이 있습니다.

이 원시 뇌는 주로 무의식적이고 반사적인 반응을 조절하는 데 중요한 역할을 합니다. 이는 외부의 위협적인 자극에 대한 방어 반응이나 생존에 필요한 본능적인 행동을 수행하는 데 관여합니다. 예를 들어, 위험한 상황에서 신체가 자동으로 반응하여 빠르게 도망치거나 공격하는 것은 원시 뇌의 영향입니다. 그렇다면, 내가 진짜 공부를 시작하면서 오늘과 완전히 다른 내일을 살겠다는 것은 원시 뇌에게 위협일까요? 당연히 위협입니다. 오늘의 나는 생존에 지장이 없는 방식으로 살고 있습니다. 내일부터 완전히 새롭게 살아간다면 예측 불가의 위험이 도사리고 있을 수 있습니다. 그 위협에 대해서 우리의 원시 뇌는 거부 반응을 보입니다. 원시 뇌는 여러분을 다시 안전한 지금의 상태로 돌려놓으려고 할 겁니다. 지금의 상태가 여러분들의 생존에는 지장이 없기 때문에 두뇌는 본능적으로 변화를 거부하고 지금의 상태로 돌아가려고 하는 겁니다.

우리의 변화 시도가 실패하는 또 하나의 이유는 이성과 감정의 힘싸움 때문입니다. 이를 오스트리아의 의학 박사 지그문트 프로이트는 이드id와 초자아superego로 구별했습니다. 이드는 개인의 본능적인 충동의 원천이고 초자아는 자아를 감시하는 무의식의 양심을 의미합니다. 그사이에 자아가 있다고 프로이트는 주장했습니다. 이드는 인간을 지배하는 강력한 힘을 발휘합니다. 그 힘이 워낙 강력하기 때문에 이드를 감독하기 위한 초자아가 존재하지만 매번 이드를 통제하기 어렵습니다. 우리의 현재 상태를 개선하기 위해서 노력하고자 하는 것은 초자아의 명령입니다. 하지만 이드는 이를 무시하고 쾌락을 추구하며 살도록 이끕니다. 이드가 이 싸움에서 이긴다면 우리는 어제처럼 스마트폰을 만지작거리면서 하루를 보내게 되고 변화는 실패할 것입니다. 이와 유사한 비유는 심리학자 헤이트가 『행복의 가설』이라는 자신의 저서에서 언급한 코끼리와 기수입니다. 코끼리는 우리의 감성적, 본능적 측면을 의미합니다. 그리고 그 위에 올라탄 코끼리를 조련하는 기수는 우리의 이성적인 측면입니다. 여기서 주목해야 할 것은 기수가 조련할 동물이 말이 아니라 코끼리라는 점입니다. 기수는 자신보다 수백 배 덩치가 더 크고 힘이 센 코끼리를 조련해야 합니다. 그 과정은 쉽지 않을 것이고 순식간에 코끼리가 이끄는 대로 가게 될 겁니다. 우리는 이성적으로 살지 못합니다. 주변 사람들에게 살이 쪘다는 이야기를 자주 듣는 저는 어제 다이어트를 결심하고 오늘 과식을 합니다. 환자들에게 건강을 강조하는 의사가 흡연을 하고 음주를 즐깁니다. 쇼핑을 줄여야겠다고 다짐하는 여성이 충동적으로 비싼 명품백을 구매합니다. 시험 기간에 하는 게임이 더 재밌게 느껴집니다. 우리의 일상을 들여다보면 절대로 이성적으로 살아가고 있지 않음을 알게 됩니다. 이것을 이해하고 인정하는 것이 변화의 시작입니다.

주변의 많은 요인 때문에 내가 변화할 수 없다고 생각하지만, 사실 내 자신이 변화의 가장 큰 걸림돌입니다. 공부를 잘하고 싶은데 실천이 어려운 것은 누구나 겪는 일입니다. 성적을 올릴 수 없을 것이라는 생각에 시작조차 하기 어려운 것도 당연한 일입니다. 공부를 나름 열심히 하고 있는데 변하지 않는 성적에 좌절하고 있는 모습도 누구나 거쳐가는 과정입니다. 여러분이 겪고 있는 모든 과정은 변화의 일부입니다. 자신만 특별히 무언가가 부족해서 목표를 이룰 수 없을 거라고 생각하면 안 됩니다. 변화의 어려움을 인정하고, 이 책에서 제시하는 단계대로 실천하면 여러분도 성장할 수 있습니다.

할 수 있다고 믿어라

성공한 사람들이 공통적으로 하는 말이 있습니다.

"생각하는 대로 이루어진다."

"성공을 시각화하라."

"부와 운을 끌어당긴다."

성공한 사람들은 성공을 머릿속에 구체적으로 그리라고 합니다. 성공할 수 있다고 생각하면 성공을 끌어당길 수 있다고 말합니다. 이런 주장들은 과학적으로 증명할 수 없는 이야기들입니다. 개인적으로 자기계발서를 참 많이 읽었지만 초창기에는 가장 공감하기 어렵던 이야기입니다. 성공하려면 지금 당장 밖으로 뛰어나가서 열심히 무언가를 해야 할 것 같은데 생각만으로 성공한다는 주장은 터무니없는 말 같았습니다. 하지만 이제는 깨달았습니다. 이 이야기들을 더 쉽게 풀어내면 다음과 같습니다.

"성공할 수 있다고 생각하고 열심히 살아도 성공 여부는 알 수 없습니다."

"성공할 수 없다고 생각하면 시작도 못하고 반드시 실패합니다."

할 수 있다고 생각하는 것을 긍정 확언Positive Affirmations이라고 합니다. 이는 긍정적인 문구나 문장을 반복적으로 스스로에게 이야기하는 것을 말합니다. 할 수 있다고 스스로에게 계속해서 말하는 겁니다. 긍정 확언은 할 수 없다는 불안과 두려움을 떨치는 역할을 합니다. 우리가 변화를 시도할 때 성공할 것이라는 확신은 크지 않습니다. 하지만 실패할 것이라는 근거도 없습니다. 변화를 시작하는 시점에서 성공 여부를 따져보는 것은 큰 의미가 없습니다. 중요한 것은 나의 생각과 태도입니다. 할 수 없다고 생각하는 사람은 염세적인 태도를 갖고 최선을 다하지 않을 겁니다. 할 수 있다고 생각하는 사람은 매일 최선을 다해서 노력할 겁니다. 그리고 그 노력의 차이로 할 수 있다고 생각한 사람만 성공할 수 있을 것입니다.

스포츠 분야에서는 이런 긍정 확언이 실제 결과로 이어지는 장면을 종종 목격하게 됩니다. 리우 올림픽 펜싱 에페 결승전에서 세계랭킹 21위였던 우리나라 국가대표 박상영 선수는 세계 3위 선수에게 14-10으로 뒤지고 있었습니다. 뒤지고 있던 박상영 선수는 "할 수 있다. 할 수 있다"라는 말을 되뇌었습니다. 그리고 그는 15-14로 기적처럼 역전승을 거두면서 금메달을 획득하게 됩니다. 말 몇 마디로 금메달을 얻은 걸까요? 그건 아닐 겁니다. 하지만 긍정 확언의 힘은 반대 상황을 가정해 보면 증명됩니다. 박상영 선수가 남은 시간 동안 역전은 불가능할 거라고 생각해서 경기를 포기했다면 절대로 역전할 수 없었을 겁니다. 스스로에게 할 수 있다고 믿음을 불어넣으면서 노력한 끝에 기적 같은 승리가 일어난 겁니다. 그의 훈련 일지에는 '개구리도 도약하려면 다리를 구부려야 한다', '해가 뜨기 전이 가장 어두운 시기이다', '연습이 완벽을 만든다'와 같은 명언이 가득 적혀 있었다고 합니다. 그는 평소부터 생각의 힘을 믿고 있었습니다. 그리고 그런 믿음이 그에게 용기와 기적 같은 힘을 부여한 겁니다.

스포츠에서 지고 있는 팀의 선수들이 작전 타임 동안에 가장 많이 나누는 말이 "할 수 있다. 한번 해봅시다"입니다. 포기하면 절대로 이길 수 없으니까 마지막 용기를 발휘하자는 겁니다. 이런 태도에 약간의 행운이 더해지면 놀라운 결과들이 만들어집니다.

진짜 공부를 시작하는 시점에서 우리는 노력하면 성적을 올릴 수 있다고 믿고 또 믿어야 합니다. 하루하루 열심히 살면 결국 성공합니다. 유치원생도 알고 있을 만한 이런 사실들의 힘을 믿어야 합니다. 매일 나에게 다짐을 하고, 글로 표현해도 도움이 됩니다. 불안할 때 포스트잇에 적어서 곳곳에 붙여 두어도 도움이 될 겁니다. 내가 나를 믿지 않으면 세상 누구의 응원도 도움이 되지 않습니다. 주변에서 나의 성공을 의심하든, 응원을 하든 사실 별로 중요하지 않습니다. 내가 나를 믿는 힘이 가장 중요합니다.

누구도
늦지 않았다

주변 친구들보다 자신이 성적이 낮고 잘하는 것이 없어서 초라해 보이나요? 그런 마음을 버리고 당당하게 하루를 살아갈 필요가 있습니다. 여러분들 눈앞에 보이는 모든 성공은 실패와 그것을 극복하기 위한 노력의 결과입니다. 여러분들도 과감하게 실패하고 더 노력하면 원하는 것을 당연히 성취할 수 있습니다. 더 큰 자신감을 가지고 오늘부터 진짜 노력을 해보세요.

지금 시작해도 여러분들은 절대로 늦지 않았습니다. 인생에서 자신이 원하는 성취를 젊은 날에 이룬 사람들도 있지만, 학생인 여러분들에 비하면 너무나 늦은 나이에 자신이 원하는 것들을 달성한 이들도 수도 없이 많이 있습니다. 단단한 결심과 매일의 노력만 있다면 여러분들은 이들보다 훨씬 더 일찍 성공할 수 있습니다. 여러분들의 나이에 비하면 훨씬 더 나이가 많은 사람들이 인생의 중반, 후반에 이룬 성공 사례들을 보세요.

유재석 씨는 18세에 대학개그제에 나가서 수상할 정도로 신인 시절 주목받았지만 긴 무명 시절을 겪었습니다. 유재석 씨의 대표작인 〈무한도전〉은 2005년 방영을 시작했습니다. 2005년 당시 1972년생인 유재석 씨의 나이는 34살이었습니다.

가난에 시달리던 무명의 작가 지망생이었던 조앤 롤링은 28세에 이혼을 하고 정부보조금에 의존하면서 어린 딸을 혼자서 키웠습니다. 어린 딸을 키우기 위해서 교사 자격 인증 석사학위과정을 밟고 아기를 돌보는 힘든 일상 속에서 꾸준히 소설을 쓴 끝에『해리포터』 시리즈를 완성할 수 있었습니다.『해리포터』 시리즈의 1권인『해리 포터와 마법사의 돌』이 출간될 당시 그녀의 나이는 31살이었습니다.

조지 루카스는 미국 문화를 대표하는 영화인 〈스타워즈〉를 감독 했습니다. 아직도 미국 문화에 큰 영향을 주고 있는 〈스타워즈〉 영화 가 1977년 개봉했을 당시 조지 루카스 감독의 나이는 33세였습니다.

온라인 소매업을 바탕으로 성장해서 세계적인 기업이 된 아마존 의 전 CEO 제프 베이조스는 아마존닷컴을 창업하기 이전에 금융 및 투자 분야에서 일을 했고 인터넷 기업에 입사해서 온라인 비즈니스 와 인터넷에 대한 경험을 쌓았습니다. 그가 아마존닷컴을 설립한 것 은 그의 나이 32세 때였습니다.

오프라 윈프리는 미국을 대표하는 여성 텔레비전 호스트입니다. 그녀는 어릴 때의 가정 폭력과 어려움을 이겨낸 끝에 성공한 인물로 알려져 있습니다. 그녀는 1984년 〈오프라 윈프리 쇼〉라는 자신의 이 름을 딴 토크쇼를 개설했습니다. 〈오프라 윈프리 쇼〉가 개설될 당시 그녀의 나이는 31살이었습니다.

레이 코크는 맥도날드McDonald's의 성공을 이끈 사업가로, 50대 중 반에 맥도날드 프랜차이즈를 인수하고 세계적인 패스트푸드 기업으 로 성장시켰습니다. 그의 이야기는 〈파운더〉라는 영화로도 제작된 바 있습니다.

할랜드 샌더스는 켄터키 프라이드 치킨Kentucky Fried Chicken, KFC의 창립자로, 60대에 창업 아이디어를 실현하고 성공을 거두었습니다. KFC 치킨집 앞에 세워져 있는 흰 수염의 할아버지가 할랜드 샌더스입니다.

　애플의 전 CEO 스티브 잡스의 가장 대표적인 업적은 아이폰1을 개발한 것입니다. 아이폰의 출시와 함께 인류의 문명이 바뀌었습니다. 2007년 아이폰1 출시 당시 1955년생인 스티브 잡스의 나이는 52세였습니다.

　영국 출신의 각본가인 데빗 서클스는 영화 〈킹스 스피치〉의 각본가로, 73세에 아카데미 시상식에서 최우수 각본상을 수상하며 큰 주목을 받았습니다.

　현대 가장 유명한 화가 중 한 명인 빈센트 반 고흐의 대표작 중 하나인 〈별이 빛나는 밤에〉는 그의 나이 37세에 완성한 작품입니다. 특히 이 작품은 그가 생레미 정신병원에 갇혀 있던 기간 동안 상상력을 동원해서 그린 그림으로 알려져 있습니다. 많은 이들이 기억하는 그의 작품들인 〈자화상〉, 〈해바라기〉 등도 그의 나이 30대 후반에 완성한 작품들입니다.

　1881년생인 피카소는 스페인의 화가로서 어린 시절부터 미술적 재능을 보였습니다. 스페인 내전 중에 일어난 게르니카 공격의 참상을 다룬 그의 대표작인 〈게르니카〉는 1937년도 작품으로서 그의 나이 57세에 완성한 작품입니다.

공부는
평생 하는 것이다

공부는 평생 하는 것이라는 말을 들어본 적이 있을 겁니다. 혹시 지금 하는 공부도 끔찍한데 이것을 평생 한다고 생각하면 형벌 같은 느낌이 드나요? 저도 학창 시절에 꾹 참으면서 공부만 했기 때문에 여러분들이 공부를 싫어하는 마음을 이해할 수 있습니다. 하지만 공부는 평생 하는 것이고 그 과정이 그렇게 고통스럽기만 한 것은 아니랍니다.

이른 아침 도서관을 찾은 적이 있나요? 저는 지역의 도서관에 강연을 가면 보통 도서관 오픈 시간에 맞춰 도착합니다. 이른 아침에 도서관에 들어가면 생각보다 사람이 많아서 놀라게 됩니다. 참 많은 사람이 아침부터 책을 읽고, 공부를 합니다. 저는 주로 도서관에서 보고 싶은 책을 보면서 노트에 메모를 합니다. 메모를 한참 하다 보면 옆자리에 머리가 하얀 할머님의 모습이 보입니다. 저랑 똑같은 자세로 책을 보면서 메모를 하고 계십니다. 할머니, 할아버지께서 도서관에서 공부하시는 모습은 저에게 큰 영감을 줍니다. 공부는 끝이 없다는 것을 다시 한번 깨닫게 됩니다. 그리고 제 노년의 모습도 저렇지 않을까 하는 생각을 하게 됩니다. 나이가 들어도 궁금한 것을 배우고 싶습니다. 그때도 지금처럼 모르는 것이 많을 것이기 때문에 매일 공부할 것들이 가득할 겁니다. 매일 새로운 것들을 나이가 들어도 알아가고 싶습니다. 공부는 평생 계속됩니다.

한 분야의 전문가가 된다고 해서 공부를 그만해도 되는 것이 아님니다. 저는 영어 강사로서 EBS에서 영어를 가르치면서 10년간 정말 공부만 한 것 같습니다. 수능 영어를 강의하기 위해서는 영어뿐 아니라 우리 말에 대한 준비도 해야 합니다. 현재의 수능 영어가 인문, 사회, 자연, 문학, 예술 분야의 원서 수준을 다루다 보니, 우리말로도 내용 이해가 쉽지 않습니다. 저에게도 생소한 개념들을 학생들에게 제한된 시간에 쉽게 전달하기 위해서는 영어뿐 아니라 우리말에 대한 준비도 필요합니다. 그래서 강의 준비 시간이 여러분들 상상 이상으로 많이 필요합니다. 방송 전에는 배는 고픈데 뭘 먹어도 소화가 안 되어서 발을 동동 구릅니다. 수 시간을 앉아서 꼼짝없이 강의 준비를 하는 일상은 너무 익숙하지만 10년째 적응이 안 됩니다. 하지만 이런 일상들이 그리 억울하지는 않습니다. 한 분야에서 인정받는 누구라도 이렇게 매일 같이 공부하고 있습니다.

동시통역 분야 1세대인 임종령 씨는 32년째 통역사로 활동했습니다. 걸프전 생중계를 시작으로 32년간 수많은 경험을 쌓은 그녀는 아직도 새벽 4시면 일어난다고 합니다. 일어나서 국내 신문을 정독하고 영자 신문을 읽은 뒤 번역을 한다고 합니다. 밤에는 다음 날 있을 통역 관련 자료를 검토하면서 잠자리에 든다고 합니다. 이것은 그녀가 무슨 일이 있어도 지키고자 하는 자신과의 약속이자 루틴이라고 합니다. 32년간의 경험이 있고 이 분야 최고의 전문가로 인정받는 그녀도 매일 새벽부터 밤까지 공부합니다. 그녀가 말하는 영어 실력 향상 비법은 꾸준함과 반복입니다. 그녀는 통역대학원 입시를 준비할 때 책에 수록된 3만 3천 개의 단어를 모조리 외웠고, 지금도 가르치는 학생들에게 800쪽에 가까운 책을 암기하도록 시킨다고 합니다. 임계량을 채워야 실력이 폭발한다는 것이 그녀의 생각입니다. 최고의 전문가는 이렇게 만들어졌습니다.

최고의 전문가들은 모두 공부하고 있습니다. 그것도 다른 어떤 사람들보다 치열하고 독하게 공부를 하고 있습니다. 그것이 그들이 최고의 실력을 갖춘 핵심적인 이유입니다. 공부를 하면서 많은 시간을 보내는 걸 아까워하지 마세요. 공부는 누구에게나 힘들지만 그것을 해냈을 때 다른 누구보다도 뛰어난 실력을 갖추게 될 것입니다. 그리고 그 실력은 우리의 인생을 새로운 방향으로 이끌고 갈 겁니다.

인스타그램을 지울
용기가 있는가?

"당신은 공부를 위해서 인스타그램을 지울 수 있나요?"

학교에 공부법 강연을 가서 전교생에게 이런 질문을 던집니다. 학생들의 반응은 여러분들의 상상과 비슷합니다. 아이들이 고요해집니다. 굉장히 어색한 분위기가 강연장에 흐릅니다. 인스타그램을 못 지우는 학생의 마음속에는 이런 생각들이 있는 겁니다.

공부하는 것이 너무 힘들다.

→ 힘든 공부에 대한 보상이 필요하다.

→ 나는 쉬는 시간에 인스타그램을 하면서 스트레스를 풀어야 한다.

→ 그래야 다시 힘든 공부를 할 수 있다.

→ 그러니까 인스타그램 앱을 지울 수 없다.

이 마음, 이해합니다. 하지만 지금 이 책을 읽으면서 변하고 싶은 마음이 시작되고 있다면 이제는 정말 인스타그램을 지우기 위한 용기를 낼 때입니다. 인스타그램을 비롯한 스마트폰을 하루에 우리가 몇 시간이나 쓸까요? 아무리 적게 잡아도 1시간은 쓰지 않을까요? 공부하면서 잠깐씩 사용하는 스마트폰을 무시해서는 안 됩니다. 하루 1시간이 3년간 모이면 1,080시간이 됩니다. 1천 시간의 공부량 차이는 결과에 반드시 영향을 미칩니다.

인스타그램을 비롯한 스마트폰 사용을 참는다는 개념으로 접근하면 안 됩니다. 하루 이틀은 참겠지만 다시 원래대로 돌아갈 겁니다. 참다가 지쳐서 오히려 더 많이 오래 사용할 수도 있습니다. 인간은 원래 그런 존재입니다. 살을 빼다가 요요 현상으로 전보다 더 살이 찝니다. 금연을 하던 아빠가 술자리에서 참지 못하고 흡연을 시작한 후 전보다 더 많이 담배를 피웁니다. 쇼핑을 참으려고 애쓰다가 결국 평소보다 더 비싼 물건을 사면서 끝이 납니다. 참으면서 의지력이 고갈되면 우리는 더 비합리적이고 어이없는 결말을 맞이하게 됩니다.

참으면서 공부하면 오래가지 못합니다. 보다 더 근본적으로 공부를 할 수 있는 마인드를 지금부터 만들어 보겠습니다.

진짜 공부의 7단계	
1단계	할 수 있다는 믿음을 바탕으로 생각이 변해야 한다.
2단계	
3단계	
4단계	
5단계	
6단계	
7단계	

공부의 목적 정하기

나는
왜 공부하는가?

공부를 하는 데 이렇게 책 한 권 분량의 고민을 해야 하는지 의문인 학생들이 있을 겁니다. 빨리 공부의 비법을 알아내서 그걸 적용해 성적을 끌어올리고 싶은데 이런 진지한 고민이 필요한지 의문일 수 있습니다. 그렇다면 이런 방법을 제안합니다. 지금 당장 서점에 가서 제일 잘 팔리는 공부법 책을 사서 읽어보세요. 그 책을 읽고 나면 여러분이 원하는 성적 향상, 성공이 기다리고 있을까요? 그렇지 않을 확률이 훨씬 더 높습니다. 이런 식으로 공부를 잘할 수 있다면 지금 공부로 고민하는 학생들은 아무도 없을 겁니다. 그만큼 공부를 잘한다는 것은 세밀한 접근이 필요합니다.

궁금합니다. 공부를 잘하는 방법, 성공하는 방법이 버젓이 존재하는데 왜 나는 성공할 수 없는 걸까요? 답은 심플합니다. 내가 그 방법들을 꾸준하게 실천할 수 없기 때문입니다. 내가 부족한 사람이라서가 아닙니다. 사람마다 동기가 다르기 때문입니다.

공부를 시작하기 위해서는 공부를 해야만 하는 이유가 필요합니다. 사람마다 타고난 기질이 다르고 환경이 다릅니다. 이에 따라서 공부에 대한 동기가 다릅니다. 공부법 이전에 얼마나 강력한 공부에 대한 동기를 갖는지가 중요합니다. 가령 운동을 한다면 매일 팔굽혀펴기를 100개씩 꾸준히 6개월 동안 하면 당연히 건강한 몸을 갖게 될 겁니다. 하지만 대부분의 사람은 팔굽혀펴기를 매일 100개씩 하지 못할 겁니다. 그런 행동을 할 수 있는 동기가 약하기 때문입니다. 무언가를 성취하기 위한 방법은 대다수의 사람이 알고 있습니다. 몸짱이 되려면 매일 밖으로 나가서 걷고 달리면 됩니다. 살을 빼려면 군것질을 멈추고, 평소보다 적게 먹고 운동하면 됩니다. 공부를 잘하려면 지금보다 더 오랜 시간 동안 집중하면 됩니다. 성공하고 싶으면 지금보다 더 열심히 일하고 노력하면 됩니다. 우리가 원하는 것을 얻지 못하는 것은 방법을 몰라서가 아닙니다. 그 방법을 실천할 마음, 즉 동기가 없기 때문입니다.

대부분의 공부법 저자들이 특별한 이유는 그들만의 강력한 동기를 갖고 있기 때문입니다. 그중 대표적인 것이 '가난'입니다. 저 또한 앞서 고백한 것처럼 학창 시절에 집안 형편이 넉넉하지 않았기 때문에 누구보다 독하게 공부했던 기억이 선명합니다. 집안이 어려운데 공부라도 하지 않으면 앞날이 막막할 것 같다는 생각에 정말 기계처럼 무작정 공부를 했었습니다. 감정을 가지면 힘들 것 같아서 스스로를 문제집 푸는 기계라고 생각하면서 공부했던 기억이 납니다. 학창 시절에 가난은 정말 숨기고 싶었고, 세상을 원망하기도 했습니다. 하지만 지나고 생각해 보니 '가난'은 제가 아무 생각 없이 공부만 하도록 만들어준 강력한 동기였습니다. 이는 1943년 심리학자 매슬로가 제시한 〈인간 욕구의 5단계 위계〉를 참고하면 더욱 이해가 됩니다. 매슬로는 인간은 5단계의 욕구를 가진다고 주장했습니다. 1단계에서 5단계로 향할수록 더 높은 수준의 욕구에 해당하며 하위 욕구가 충족되어야 상위의 욕구가 등장합니다. 생리적 욕구가 충족되어야 안전의 욕구를 추구할 수 있는 식입니다.

1. 생리적 욕구Physiological Needs

인간의 생존에 필수적인 욕구입니다. 음식, 물, 숨쉬기, 수면 등과 같은 생리적인 필요를 충족시키는 욕구입니다.

2. 안전 욕구Safety Needs

물리적으로 안전한 환경과 위험으로부터 보호되는 것을 원하는 욕구입니다. 안전한 주거, 안정된 일자리, 건강, 재정적 안정 등이 포함됩니다.

3. 소속과 사회적 욕구Love and Belongingness Needs

사회적 관계와 소속에 대한 욕구입니다. 가족, 친구, 동료들과의 유대감, 사랑, 소속감 등이 포함됩니다.

4. 존경 욕구 Esteem Needs

자신이 존중받고 인정받고 싶은 욕구입니다. 자존감, 성취, 인정, 사회적 지위 등이 포함됩니다.

5. 자아실현 욕구 Self-Actualization Needs

자신이 가진 최고의 잠재력을 발휘하고 자기계발에 몰두하며 더 높은 목표를 이루기 위해 노력하는 욕구입니다. 자기계발, 창조성, 목표 실현 등을 말합니다.

가난은 생리적 욕구, 안전의 욕구와 관련되어 있습니다. 이 욕구를 충족시키기 위해서 인간은 공부라는 노력을 하게 됩니다. 물론 가난하다고 해서 누구나 열심히 살지는 않습니다. 이것은 앞서 이야기를 나눈 생각, 태도의 문제입니다.

타인의 공부법이 모두에게 잘 통하지 않는 이유는 공부법 이전에 동기에서 큰 차이가 나기 때문입니다. 유튜브를 보면 맨몸운동으로 강철같은 신체를 얻은 사람들을 볼 수 있습니다. 비싼 피트니스센터를 이용하거나 개인 교습을 받지 않고, 자신의 몸만을 이용해서 갑옷 같은 신체를 갖춘 사람들은 방법보다 동기, 노력, 의지가 중요하다는 것을 증명합니다. 방법만을 따라 하는 것은 실패로 이어질 확률이 매우 높습니다. 우리나라에서 제일 비싼 피트니스 시설의 연간회원권을 구매한다고 해서 내가 몸짱이 되는 것이 아닙니다. 매일 가야 하고, 매일 땀 흘려 운동해야 합니다. 내가 그런 노력을 기울일 수 있는 '동기'를 만드는 것이 우선되어야 합니다.

모두가 가난해서 생리적 욕구나 안전의 욕구를 충족시키기 위해서 살 수는 없습니다. 여러분의 가정환경이 풍요롭다면 여러분만의 공부하는 이유를 찾아야 합니다. 그것이 진짜 공부의 시작입니다. 이 지점에서 요즘 시대를 살아가는 학생들은 분명히 고민을 해야 합니다. 요즘 세상은 여러분들이 공부할 이유를 찾지 않아도 하루가 편안하게 흘러갑니다. 과거보다 물질적으로 풍요롭고 스마트폰만 들여다보면 하루가 재밌고 흥미롭게 지나갑니다. 이 지점을 정말 경계해야 합니다. 그렇게 하루하루 스마트폰을 놓지 못하고 애매한 공부를 하면서 시간을 보냈을 때 어떤 미래가 기다릴지를 스스로 고민해야 합니다.

지금 성적이 안 나오고 답답한 학생들이 진짜 공부를 시작하기 위해서는 자신의 하루를 객관적으로 들여다보아야 합니다. 그리고 충분한 시간 동안 집중하고 있지 않은 것을 인정해야 합니다. 인간은 자신의 부족함을 인정하기 싫어하지만, 그것을 인정하는 것부터가 성장의 시작입니다. 세계적인 석학인 유발 하라리의 『사피엔스』에는 인간이 이룩한 과학혁명에 대한 이야기가 나옵니다. 그는 인간이 500년이라는 짧은 시간 눈부신 발전을 거둔 과학혁명에 대해서 무지의 혁명이라고 말합니다. 근대 이전에 인류는 아는 척을 했습니다. 이것이 증명되는 것이 지도입니다. 과거에는 지도를 제작할 때 모르는 부분은 상상으로 채워 넣었습니다. 이런 식으로 자신들의 무지를 인정하지 않았기 때문에 더 많은 세상을 적극적으로 개척하지 못한 겁니다. 인류는 자신들이 세상에 대해서 모르는 것이 많다는 것을 인정하게 되면서 진정한 발전이 가능했다는 겁니다. 공감이 됩니다. 우리도 진짜 발전을 하기 위해서는 나의 부족한 점들을 객관적으로 인정해야 합니다. 지금 여러분들의 하루에는 분명히 더 공부할 수 있는 시간들이 존재합니다. 그 시간 동안 공부를 할 수 있는 원동력인 동기를 만들어야 합니다.

나만의 공부하는 이유를 만들기 위해서 여러분 스스로를 들여다봐야 합니다. 여러분은 생각보다 자기 자신을 잘 모릅니다. 너무나 익숙한 자기 자신을 만날 기회가 거의 없기 때문입니다. 늘 우리 곁에 있는 공기는 고산지대 같은 곳에서 희박해져야 그 존재를 느낄 수 있습니다. 우리 자신은 가만히 있을 때는 공기처럼 그저 존재하기만 하고 느낄 수 없습니다. 새로운 경험을 하고, 새로운 생각과 감정을 느낄 때 내 자신에 대해서 하나하나 알게 됩니다. 그리고 이런 경험들은 자신의 인생을 뒤흔들 만큼 강력하고 중요합니다. 대한민국을 대표하는 축구 선수인 손흥민, 이강인 선수가 축구공을 차보는 경험을 하지 않았다면 어땠을까요? 책상에 앉아서 공부만 하면서 축구와는 거리가 먼 삶을 살았을 수도 있습니다. 예체능과 관련된 재능은 다른 분야보다 조금 더 발견하기가 수월한 편이지만, 이마저도 경험하지 않으면 절대로 파악할 수 없습니다. 다양한 기회를 통해 자신의 강점과 약점을 파악하면서 스스로를 파악해야 합니다.

진짜 공부를 시작하고 싶다면 자기 자신에 대해서 관심을 갖기 시작해야 합니다. 자신에 대한 관심을 바탕으로 어떻게 공부를 할지가 아니라 왜 공부를 하는지를 먼저 고민해야 합니다. 그것이 더 강력한 행동의 변화를 가져옵니다. 목적이 없는 행동은 목적지가 없는 여정과 비슷합니다. 우리가 어딘가로 출발을 할 때 목적지가 없다는 것은 말이 안 됩니다. 유년 시절 대부분의 시간을 공부하면서 보내고 있는데 그 목적을 제대로 모르면 진짜 공부는 시작조차 할 수 없습니다. 여러분은 왜 공부를 하는지 진지하게 스스로에게 묻기 시작해야 합니다.

공부라는 고통에
의미 부여하기

혹시 공부만 하는 삶이 고통스럽나요? 빨리 고등학교를 졸업해서 입시를 끝내고 이 고통을 끝내고 싶나요? 수험생 누구라도 이런 생각을 할 겁니다. 저 또한 졸업하고 지긋지긋한 공부를 그만하겠다는 마음 하나로 고교 생활을 버틴 것 같습니다. 그리고 그것이 착각이었다는 사실을 깨닫는 데에는 오랜 시간이 걸리지 않았습니다. 고등학교를 졸업하고 원하는 대학에 들어간다고 해도 기쁨은 잠깐입니다. 생각해 보세요. 대학교 입학 이후에는 취업 준비를 해야 합니다. 취직을 하든 자영업을 하든 스타트업을 구상하든 먹고 살 준비를 해야 합니다. 대학 졸업 후에 본격적으로 일이 시작되면 그야말로 생존을 걸고 일해야 합니다. 공부는 좀 못해도 되는 것이라면 일을 못하면 생존이 흔들립니다. 그러다가 사랑하는 사람을 만나서 결혼하고 자녀를 낳게 된다면 더 많은 식구를 먹여 살리기 위해서 더 많은 노력을 해야 합니다. 여러분이 적게 일하고 대단히 큰 부가가치를 창출하는 재주가 없는 이상 남들보다 더 일해야 더 많이 성취하는 저와 같은 평범한 삶을 살게 될 겁니다.

"도대체 우리 인생의 고통은 언제 끝이 날까요?"

『신경 끄기의 기술』의 저자 마크 맨슨은 고통에 대한 다른 견해를 전합니다. 고통을 극복하는 유일한 길은 고통을 견디는 법을 배우는 것이라고 말합니다. 그는 행복하려고 고통을 피하려고 하면 더 불행해진다는 역효과의 법칙을 제시합니다. 중고등학생이 공부라는 고통을 완전히 벗어나서 행복할 수 있을까요? 이것이 불가능한데 어떻게든 공부를 적게 하려고 하고, 빨리 끝내려고 생각을 하면 오히려 더 불행하다는 겁니다. 현대인들은 매일 일을 해야 합니다. 일하는 내내 힘들다고만 생각하면서 퇴근 후를 기다리고, 주말을 기다리는 삶은 그리 행복하지 않을 겁니다. 인간이 고통을 피하려고만 생각하면 그 생각 때문에 우리의 일상은 피폐해집니다.

고통은 평생 우리를 따라 다닙니다. 못 믿겠다면 수도권에서 출근 시간에 전철을 딱 한 번만 타보세요. 지옥철이라고 불리는 수도권 전동열차를 한 번만 타보면 사람들이 얼마나 힘들게 일을 하고 있는지를 실감합니다. 저는 고향 부산을 떠나 서울에 올라와서 출근길 지하철을 처음 탔을 때가 선명하게 기억이 납니다. 더 이상 사람이 탈 수 없을 정도로 지하철 객차는 사람들로 가득합니다. 저는 다음 열차를 기다리려고 하는데 옆에 선 사람들은 그 지하철 속으로 뛰어들어 탑니다. 안에서는 윽윽 비명 소리가 들립니다. 그렇게 사람을 가득 채우고 열차가 출발합니다. 저는 3대 정도의 열차를 그냥 보내고 용기를 내서 한번 타봤습니다. 타면 괜찮을 것이라는 생각은 착각이었습니다. 타니까 더 힘듭니다. 손을 잡을 곳도 없고 가방 하나도 놓을 공간이 없습니다. 몸이 이리 쏠리고 저리 쏠립니다. 도대체 이런 상황에서 원하는 역에 내릴 수는 있을지 궁금합니다. 이렇게 매일 출근하는 삶은 힘들 수밖에 없습니다. 매일 지옥철을 타고 출근하는 사람이 고통을 피할 생각만 한다면 매일 아침 얼마나 힘이 들까요? 얼마나 좌절스러울까요?

우리는 살면서 겪을 수밖에 없는 고통에 대해서 정면으로 맞서야 합니다. 마크 맨슨은 고통은 당연한 것이라고 말합니다. 그리고 인간은 고통을 통해서 자신을 정의할 수 있다고 말합니다. 그는 책 속에서 우리에게 2가지 질문을 던집니다.

"당신은 어떤 고통을 원하는가?"
"무엇을 위해 기꺼이 투쟁할 수 있는가?"

대한민국을 대표하는 축구 스타인 손흥민 선수는 왼발, 오른발을 모두 자유자재로 쓰는 것이 가장 큰 특징입니다. 축구 선수가 양발을 쓴다는 것은 엄청난 무기입니다. 수비수 입장에서 마지막 순간에 어느 발을 막아야 할지를 판단하기 어렵기 때문입니다. 그는 이 무기를 바탕으로 왼발, 오른발로 고르게 득점을 하고 있습니다. 전 세계에도 이런 선수는 매우 드뭅니다. 손흥민 선수는 태어날 때 철저한 오른발잡이였습니다. 왼발을 사용하지 못하던 선수가 어떻게 이렇게 자유자재로 왼발을 사용하게 되었을까요? 그는 한 유튜브 축구 채널에서 어릴 적 왼발을 연습한 과정을 이야기합니다. 냉장고 박스에 공을 가득 싣고 가서 하루 종일 왼발로 공을 찼다고 합니다. 오른발잡이인 어린 손흥민 선수가 왼발로 하루 종일 공을 차는 과정이 얼마나 고통스러웠을까요? 하지만 이 고통이 바로 손흥민 선수를 정의합니다. 그는 훌륭한 축구 선수가 되기 위해서 매일 같이 고통스러운 훈련을 이겨냈습니다. 우리가 더 많은 고통을 감수할 수 있다는 것은 그 고통이 우리의 인생에 그만큼 큰 의미가 있다는 것을 뜻합니다. 고통이 곧 우리 인생의 본질이 되는 겁니다.

어떻게 하면 지금보다 공부를 잘할 수 있을까요? 상식적으로 다음과 같이 공부를 하면 지금보다 훨씬 공부를 잘할 수 있을 겁니다.

- 일찍 잔다(늦게 자는 것보다 일찍 자는 것이 힘들다)
- 일찍 일어나서 공부한다
- 공부할 때는 스마트폰을 꺼놓는다
- 인스타그램, 페이스북 등은 지운다
- 유튜브 영상을 의미 없이 보지 않는다
- 최신 영화는 대학 입학 이후에 본다
- 넷플릭스 신작 드라마에 관심을 갖지 않는다
- 최신 유행하는 음악에 관심을 끈다
- 음악은 가사가 없는 경음악만 듣는다
- 과식하지 않는다. 과식은 공부의 적이다
- 수업 시간에 절대로 졸지 않는다
- 쉬는 시간에 남들이 쉴 때 공부한다

- 시험 끝나고 친구들이 한바탕 놀 때 나는 공부한다
- 체육대회가 끝나는 날에도 공부한다

당연히 이렇게 공부를 하면 성적은 오를 겁니다. 하지만 언뜻 보기에도 이런 삶을 살 수 있을 것 같지 않습니다. 이런 삶은 고통스러울 것이 분명합니다. 여러분이 이 고통에 기꺼이 맞설 힘이 없다면 이런 삶을 지속할 수 없을 겁니다. 대다수의 학생에게 실제로 고통을 참을 명분이 없고, 그래서 방법을 알면서도 실천하지 못하는 겁니다. 오늘부터 여러분은 스스로에게 물어야 합니다.

"나는 무엇을 위해서 공부하는가?"

이 질문에 답을 찾아가면 공부에 힘이 실릴 겁니다. 객관식으로 정답이 있는 문제는 아니기 때문에 찾아가는 과정 자체가 의미가 있습니다. 여러 가지 요소들이 여러분 공부의 목적이 될 수 있습니다. 고생하시는 부모님에게 효도하고 싶은 마음, 나를 무시했던 친구에게 복수하고 싶은 마음, 진짜 나의 잠재력을 확인하고 싶은 마음, 그저 열심히 사는 것이 좋은 마음, 스스로에게 보상을 걸고 이를 달성하기 위해서 노력하는 마음, 내가 인생에서 이루고 싶은 모든 것들이 여러분 공부의 목적이 됩니다.

우리는 평생 일하고 공부해야 합니다. 공부와 일의 목적을 찾아서 이 경험을 승화시키는 것은 평생 우리에게 필요한 기술입니다. 『죽음의 수용소에서』의 저자인 빅터 프랭클이 말하는 고통에 대한 이야기를 다시 한번 인용합니다. 아무 죄도 없이 유대인이라는 이유만으로 의사에서 하루아침에 강제수용소의 죄수가 된 그는 무너지지 않고 그 고통을 자신만의 방식으로 이겨냈습니다. 다음은 그가 수용소 생활을 이겨낸 방법들입니다.

첫째, 자신이 살아남아야 한다는 목적의식을 세웠습니다. 이를 위해서 자신만의 의미 있는 것을 찾고자 노력했습니다.

둘째, 수용소에서 발생하는 모든 것들에 대해서 감사와 긍정의 태도를 유지했습니다.

마지막으로 그는 자신의 상황을 받아들이고, 자신의 희생과 고통이 다른 사람들을 돕는 데 도움이 될 수 있다는 믿음을 가졌습니다.

이를 공부로 바꾸어 생각해 보면 다음과 같이 정리가 될 겁니다.

공부라는 고통에 의미를 부여하는 방법

첫째, 공부를 해야 하는 목적의식을 확실하게 가집니다. 이를 통해서 공부의 의미를 정립합니다.

둘째, 공부하는 과정에서 일어나는 일들을 긍정적으로 바라봅니다.

셋째, 이 상황을 피할 수 없음을 인정하고, 공부를 열심히 해서 주변에 기여를 하고자 하는 마음을 갖습니다.

어떤가요? 좀 도움이 되나요?

공부에
재미 부여하기

고대 그리스 신화에 등장하는 시지프스를 아시나요? 제가 어릴 때는 시지프스라고 했고, 최근에는 시시포스, 불어로는 시지프 정도로 발음합니다. 그는 신들을 속인 대가로 큰 돌을 산꼭대기까지 끝없이 올려놓아야 하는 징벌을 받게 됩니다. 이 돌은 꼭대기에서 다시 아래로 떨어집니다. 그래서 그는 평생 무거운 돌을 꼭대기에 올려놓는 일을 무한 반복하면서 살게 됩니다. 『이방인』으로 유명한 프랑스의 작가이자 철학자인 알베르 카뮈는 시지프스의 삶을 현대를 살아가는 노동자들의 삶에 비유하면서 부조리에 대한 철학적 견해를 펼치기도 했습니다. 그가 주목한 지점은 시지프스가 의식이 깨어 있는 채로 끝도 없는 과업을 수행하면서 고통받는다는 점입니다. 오늘도 내일도 돌을 꼭대기에 올리는 마음으로 공부를 하고 있는 여러분도, 매일 출근을 하는 어른들도 어쩌면 시지프스와 같은 삶을 살고 있다고 볼 수 있습니다. 똑같은 삶을 살다 보면 허무함으로 빠질 수 있습니다. 알베르 카뮈는 허무주의에서 벗어나기 위해서 사막 같은 현실에서 버티라고 말합니다.

매일같이 반복되는 삶을 살면서 느끼는 공허함은 현대인들만 느끼는 것이 아닙니다. 아주 오래전부터 우리의 선조들도 같은 감정을 느꼈습니다. 독일에서는 철학자 니체도 이 점을 19세기에 깨닫고 '영원 회귀'라는 개념을 제시했습니다. 영원 회귀는 그의 저서인 『차라투스트라는 이렇게 말했다』에서 다루어진 개념으로서 인간의 삶과 역사가 영원히 반복된다는 주장입니다. 인간은 자신의 노력을 통해서 새로운 것을 창조하려고 하지만, 결국 동일한 패턴을 반복하게 됩니다. 앞으로의 날들이 너무 예측 가능하지 않나요? 열심히 공부해서 명문대에 입학하고, 대기업에 취업하고, 결혼해서 잘 살다가 죽는다. 우리는 앞선 시대를 살았던 수많은 이들이 살았던 삶을 반복할 겁니다. 이런 사실을 깨달으면 우리는 허무한 마음이 들 수 있습니다. 여기까지는 자연스러운 생각입니다. 니체는 영원 회귀를 부정적으로 받아들이지 않습니다. 개인의 창의력과 열정을 통해서 자신의 운명을 사랑하면서 주체적으로 삶을 살아갈 수 있다고 말합니다.

제가 지난 10년간 EBS 영어 강사로 여가도 없이 일만 하면서 어쩌면 시지프스처럼 매일같이 돌을 꼭대기에 올려놓으면서 힘든 나날들을 보냈지만, 그럼에도 일을 계속할 수 있었던 근원에는 제가 영어 공부를 좋아하는 마음이 있었던 것 같습니다. 강의를 준비하는 과정은 상상 초월로 힘이 듭니다. 하지만 본격적인 공부가 시작되고 영어 지문에 빠져들다 보면 저도 모르게 헛웃음이 나오면서 이런 생각을 합니다.

'나 아직 영어 공부 좋아하는구나.'

저는 지문을 읽을 때 독서를 하듯이 재밌게 읽으려고 노력합니다. 실제로 수능 영어의 지문들은 인문, 사회, 자연, 과학, 문학, 예술 분야의 글들입니다. 다양한 소재의 글들을 호기심을 가지고 바라보면 충분히 재미있게 읽을 수 있습니다. 수능 영어에 대해서 많은 학생이 특별한 풀이 비법이 있을 것이라고 착각하는데, 그것은 수능 영어 지문이 지금보다 훨씬 쉽던 과거에나 통하던 전략입니다. 현재는 미국의 고3이나 대학교 1학년 학생들이 이해할 수 있는 수준의 글들이 고난도 문항의 지문으로 쓰이고 있기 때문에 글을 읽고 주제를 파악하는 능력이 가장 중요합니다. 호기심을 갖고 글을 읽고 이해하면 그것으로 문제는 풀립니다. 저는 그런 마음으로 영어 지문을 대하고 있습니다. 전략을 바탕으로 답을 찾기보다는 글을 제대로 이해하고 답을 찾습니다. 그리고 이 과정에서 영어의 재미를 느낍니다.

공부는 여러분에게 재미있는 대상인가요? 혹시 혐오스러울 정도로 재미가 없나요? 그러면 여러분이 나중에 어떤 일을 하게 된다면 그 일은 재미있을까요? 기업에서 맡게 되는 직무, 또는 사업을 하면서 하게 되는 일들은 여러분에게 재미의 대상일까요? 고통의 대상일까요? 공부와 일은 어느 정도 즐기는 대상이 되어야 합니다. 『GRIT』의 저자 앤절라 더크워스 교수는 자신이 조사한 그릿의 전형들이 대체로 자기 일에 푹 빠져 있었고, 의미를 발견하고 있다고 말합니다. 그들은 일에 매력을 느끼고 아이 같은 호기심을 내비치면서 자신의 일을 사랑한다고 외치고 있다고 합니다. 물론 그들도 자신의 일에서 재미가 덜한 측면도 있고, 꾹 참으면서 하는 잡일들도 있습니다. 하지만 열정적으로 자신의 일을 하는 사람들은 자신이 하는 일을 좋아합니다. 좋아해야 계속할 수 있습니다. 계속하다 보면 그 일을 통한 평생의 목적이 생깁니다. 이것이 앤절라 더크워스 교수가 말하는 그릿의 3단계인 〈관심 - 연습 - 목적〉입니다.

모든 것의 시작은 관심입니다. 여러분이 배우는 내용은 사실 세상에 대한 지혜를 다루고 있습니다. 시험 문제를 위해서 억지로 암기를 하고 힘든 공부를 참으면서 한다고 생각해서는 공부를 지속할 수 없습니다. 공부를 참아야 하는 대상에서 호기심의 대상으로 바꾸어야 합니다. 관점의 변화는 3초 만에도 일어납니다. 비 오는 날씨 때문에 옷이 젖어서 짜증스럽다가도 오히려 시원해서 좋다고 생각할 수 있습니다. 우리의 생각이 바뀌면 순식간에 세상은 다르게 느껴집니다.

공부를 미워하면 안 됩니다. 국어든, 영어든, 수학이든, 사회든, 과학이든 세상에 대해서 하나하나 알아간다고 생각하면서 애정 어린 눈길로 쳐다보면 다르게 보일 겁니다. 공부에 관심이 생기고, 살짝 재미가 있다고 느껴질 때 진짜 공부가 시작될 겁니다. 저도 앞으로 최소 10년은 매일 영어 문제를 수도 없이 풀어야 할 겁니다. 저는 정답이 2번인지, 3번인지보다는 영어 지문을 통해서 어떤 새로운 지식과 통찰을 얻게 될지를 기대할 겁니다. 그래야 매일 영어 공부를 지속할 수 있습니다. 공부에 관심을 기울이고 재미를 느끼는 것은 공부를 평생 해야 하는 우리를 위한 필수 요건입니다.

빠르게 실패하며
진로 찾기

공부에 의미를 찾을 수 있는 가장 확실한 방법은 자신의 진로를 찾는 겁니다. 이는 제가 생각하는 이상적인 최상위권의 모습과도 연결되어 있습니다.

제가 가르쳤던 학생 중 압도적으로 공부를 잘하는 학생이 있었습니다. 당시 고1 학생이었는데 존경스러울 정도로 모든 면에서 우수한 학생이었습니다. 누구보다도 열심히 공부했기 때문에 내신도 전교 1등, 모의고사 성적으로도 전교 1등 수준이었습니다. 수업 시간에 조는 법이 없었고, 흐트러진 모습 자체를 상상하기 어려운 학생이었습니다. 학교에서 내주는 사소한 과제들에도 최선을 다했습니다. 인성적으로도 훌륭해서 주변 친구들이 모르는 것들은 성심성의껏 알려 주는 그런 학생이었습니다. 주변 학생들이 질투 비슷한 것도 하지 않는 존경의 대상이었습니다. 게다가 이 학생은 수학을 정말 뛰어나게 잘했습니다. 여러분이 이 학생이라면 어떤 진로를 택하겠습니까? 의대도 충분히 갈 수 있는 성적입니다.

이 학생의 진로를 확인하고 저는 다시 한번 이 학생을 존경하게 됩니다. 이 학생은 영문학을 전공하고자 했습니다. 아마 영문학 공부를 꾸준히 해서 영문학과 교수가 될 겁니다. 요즘 수능에서 이과가 유리한 면이 있기 때문에 특히 수학을 잘하는 학생이라면 이과를 선택하는 것이 점수상 유리합니다. 게다가 모든 성적이 우수하고, 공부에 대한 재능, 습관까지 모든 것이 완벽한 학생이기 때문에 의대에 도전하고도 남을 역량을 갖고 있었습니다. 그런데 이 학생은 영문학을 전공하기로 선택합니다. 왜일까요? 영문학을 사랑하니까요. 그 학생은 자신이 영문학을 사랑한다는 사실을 정확하게 알고 있었습니다. 바쁘게 공부하는 와중에 영문학 책들을 챙겨서 보았습니다. 이 학생이 진정으로 존경스러운 이유는 세상의 기준이 아니라 자신이 만든 기준에 따라서 선택을 하고, 주체적인 인생을 이미 살고 있었기 때문입니다. 17살의 나이에도 이런 삶이 가능하다는 것을 저에게 깨닫게 해준 학생이었습니다. 어떻게 하면 이렇게 어린 나이에 원하는 것을 알 수 있을까요?

『빠르게 실패하기』의 저자 존 크럼볼츠는 진로상담 분야의 최고 권위자이며 스탠퍼드대학교에서 교육 심리학 연구와 강의를 했습니다. 그는 남들이 선호하는 직종에 종사를 하면서 돈과 명예를 누리면서도 자신이 원하는 것이 무엇인지를 몰라서 망설이는 이들을 상담하게 됩니다. 그리고 그들을 돕기 위한 〈인생 성장 프로젝트〉라는 연구를 시작합니다. 존 크럼볼츠 교수가 파악한 자신이 원하는 것을 스스로 파악하지 못한 사람들의 특징입니다.

- 어떤 일을 새롭게 시작하기 전, 정보를 수집하고 거창한 계획을 세운다.
- 큰 성공만 추구하려는 경향이 있다.
- 바쁘거나 준비가 덜 됐다는 이유로 '그 일'을 시작할 수 없다고 합리화한다.

이들의 특징은 계획만 세우다가 결국 어떤 일을 도전하지 않는 겁니다. 새로운 일을 경험하지 못하기 때문에 자신의 원하는 것을 알 수 있는 기회를 얻지 못합니다. 그래서 남들이 좋다는 일을 하면서도 확신이 없는 겁니다. 존 크럼볼츠 교수는 만약 삶을 변화시키고 싶다면 지금 당장 즐거움을 만끽할 수 있는 '작은' 행동을 시작하라고 말합니다.

이 책의 제목인 『빠르게 실패하기』라는 개념을 인생에 적용하면 학생들이 자신이 원하는 것을 찾아가는 여정에 큰 도움이 될 겁니다.

이 책에서 말하는 빠르게 실패하기는 나의 호기심을 이끄는 다양한 일들을 직접 경험해 보면서 어떤 일이 나에게 맞는지를 직접 빠르게 확인하라는 겁니다. 그는 청소년기에 일기 쓰기가 원하는 것을 향해 다가가는 데 도움이 될 것이라고 말합니다. 그는 다음과 같은 내용을 일기에 적기를 추천합니다. 이는 여러분의 하루에 다음과 같은 일들이 몇 가지는 있어야 함을 의미합니다.

- 오늘 특히 즐거웠던 일은 무엇인가?
- 오늘 배운 흥미로운 사실은 무엇인가?
- 삶과 일, 가족과 친구에 대해 감사함을 느낀 일은 없었는가?
- 호기심을 자극한 일은 무엇인가?
- 놀라움으로 가득 차게 한 것은 무엇인가?
- 아름다우며 영감을 불러일으키는 것을 보았는가?
- 새롭게 시도해 본 일이나 처음 가 본 곳이 있었는가?
- 사람들과의 관계에서 보람 있는 일이 있었는가?

경험은 개인에게 크게 2가지 의미가 있다고 생각합니다.

경험의 의미
- 자신의 타고난 기질, 성향에 대해서 알게 됨
- 자신이 성장할 수 있는 자극으로 작용함

저는 초등학교 때 달리기를 하면 늘 꼴찌였습니다. 먹을 것을 좋아해서 통통한 편이기도 했지만 가장 큰 이유는 부모님과 운동을 한 경험이 한 번도 없는 겁니다. 그래서 초등학교 내내 운동을 한 적이 없고 그래서 달리기를 못할 수밖에 없었습니다. 하지만 초등학교 6학년 때 일본 만화인 〈슬램덩크〉를 보면서 농구가 너무 하고 싶었고 스스로 운동장에 나가 농구를 하기 시작하면서 인생이 완전히 바뀌었습니다. 막상 운동을 경험해 보니 저는 운동을 평균보다 잘하는 사람이었습니다. 근육을 만들면서 각종 운동을 해보니 저에게는 운동신경이라는 것이 있었습니다. 그래서 그 이후로 농구, 인라인스케이트, 스케이트보드, 스노보드, 배드민턴, 골프 등 다양한 운동을 경험했습니다. 초등학교 때 농구를 경험하지 않았더라면 후속 경험들은 절대로 없었을 겁니다. 이것은 경험을 통해서 복권을 긁듯이 저에 대해서 더 많이 알게 된 겁니다. 그리고 EBS 강사로서 10년의 경험은 저에게는 성장을 위한 것이었습니다. 방송을 준비하고 진행하면서 여러 면에서 전문성을 갖추게 되었습니다. 이것은 경험이 저를 성장시킨 경우입니다.

이렇게 경험을 통해서 우리는 스스로를 알게 되고, 성장하게 됩니다. 이 과정의 핵심은 새로운 경험이 끝없이 필요하다는 겁니다. 나에게 딱 맞는 천직이라는 것은 정답이 없는 문제입니다. 태어날 때부터 우리에게 천직이 부여된 것이 아닙니다. 이것은 확신의 문제입니다. 두 사람이 똑같이 경찰이 되었을 때 누가 천직이라고 느낄까요? 자신이 경찰에 적합한 사람이고, 이 일에 보람을 느낀다는 것에 확신이 더 큰 사람입니다. 평생 3개의 경험을 한 사람보다 300개의 경험을 한 사람이 훨씬 더 확신을 가질 확률이 높습니다. 자신에 대해서 더 잘 이해하고 있기 때문입니다. 많은 경험을 통해서 자신은 정의라는 가치를 중요시하고, 타인을 돕고 사회에 기여하는 것에 큰 만족과 보람을 느끼는 사람이라는 것을 이해한 사람이 경찰을 천직이라고 생각하면서 살아갈 것입니다. 여러분은 오늘 어떤 새로운 경험을 했나요? 스스로에 대해서 무엇을 새롭게 알게 되었나요?

돈과 명예가
전부가 아니다

공부의 목적을 생각할 때 조심해야 할 것은 타인이 생각하는 목표를 내 것으로 착각하면 안 된다는 점입니다. 현대 사회는 강력하게 목표를 개인에게 제시합니다. 혹시 공부의 목적을 인서울 명문대에 입학해서 좋은 직장을 얻어서 돈과 명예를 얻는 것이라고 생각하나요? 이 목표는 정말 여러분이 원하는 것이 맞나요? 그럴 수도 있지만, 아닐 수도 있습니다. 이 질문에 대한 답은 여러분 안에 있습니다.

세상 사람들 모두가 돈과 명예만을 좇으면서 살고 있지 않습니다. 자신이 원하는 것을 꾸준히 스스로에게 물어서 결국 알아낸 사람들은 자신만의 길을 걸어갑니다. 독일의 철학자 니체는 이런 삶의 경지를 어린아이의 단계라고 표현했습니다. 인간 성장의 마지막 단계로서 어린아이처럼 순수하게 자신이 원하는 것을 좇아서 사는 삶을 의미합니다. 니체는 인간이 낙타처럼 맹목적으로 타인이 시키는 대로 끌려가는 삶을 살다가 맹수같이 경쟁하는 사자의 삶을 거쳐 궁극적으로 어린아이처럼 사는 단계로 나아간다고 말합니다. 어린아이 단계의 삶은 행복하다고 말할 수 있을 겁니다. 저는 진짜 인생이라고 부르고 싶고요.

이해인 수녀는 한 언론사와의 인터뷰에서 지난 50년간 쓴 책이 300만 부 이상 팔렸지만 평생 교통카드 하나만 가지고 다닌다고 말했습니다. 그녀는 수녀 신분이기 때문에 그간 받은 인세는 모두 수녀회에 귀속되었습니다. 수도자는 사유재산을 가질 수 없기 때문입니다. 한 해에 베스트셀러로 분류되는 책이 보통 10만 부 내외로 판매가 됩니다. 그녀가 기록한 300만 부는 대한민국 최고의 작가도 쉽게 넘볼 수 없는 수치입니다. 300만 부는 대략 어림잡아 계산해도 금전적 가치가 수십억에 달합니다. 그런 그녀는 자신에게 귀속되는 돈이 없는데 왜 계속 글을 쓰고 책을 내는 것일까요? 만약 여러분에게 돈은 한 푼도 못 주지만 평생 글을 쓰라고 하면 한 문장이라도 쓸까요? 절대 그럴 수 없을 겁니다.

이해인 수녀는 자신이 좋아하는 일을 하고 있고, 그 글을 통해서 사람들에게 도움을 주고 있습니다. 그녀의 글은 특별합니다. 세상사에 지친 사람들에게 희망을 주고 위로를 건네줍니다. 1976년작 그녀의 첫 시집 『민들레의 영토』가 그랬고, 그 이후의 모든 글도 사람들을 위해 쓴 책들입니다. 그녀의 글은 사람들에게 분명히 도움이 됩니다. 그런 소명이 그녀를 글을 쓰도록 이끌었을 겁니다. 2008년 그녀는 직장암 진단을 받았습니다. 투병 중에도 글쓰기를 멈추지 않았습니다. 그녀는 침대에 엎드려 내일은 나에게 없을지도 모른다는 간절함으로 글을 썼다고 합니다. 이렇게 간절한 마음으로 써 내려간 글에 힘이 없을 수가 없습니다. 그녀는 지금도 매일 밤 침대에 엎드려 연필로 글을 쓰고 있습니다.

여러분이 진짜 하고 싶은 일은 돈과 명예를 좇는 일이 아닐 수 있습니다. 맹목적으로 돈을 목표로 삼으면 여러분 스스로에 대한 관심을 잃게 됩니다. 여러분이 진정으로 원하는 것이 무엇인지를 생각해 볼 수 있는 사고 실험이 있습니다. 사고 실험은 생각만으로 해보는 실험을 의미합니다. 여러분에게 돈이 100억이 있습니다. 평생 먹고 살 정도의 충분한 돈이죠. 어린 나이에 100억이 통장에 있다면 여러분들은 남은 인생 동안 어떤 일을 하며 살고 싶은지를 생각해 보세요. 호텔 침대에 누워서 하루 종일 넷플릭스 영화만 보고 싶나요? 남은 80년이 넘는 인생을 정말 이렇게 살 수 있을까요? 평생 세계 여행을 하면서 살고 싶나요? 여러분은 정말 80년간 여행을 할 수 있을까요?

여러분 스스로를 더 잘 이해하고, 자신이 잘할 수 있는 일을 하면서 삶을 사는 것은 행복한 삶으로 이어집니다. 돈이 많은 사람도 스스로 만족하기 위해서 일을 계속합니다. 적당한 부와 명예가 행복의 조건이었다면 지금 세계의 부호들은 모두 하던 일을 멈추고 호텔 방에 누워서 드라마를 보고 놀아야 합니다. 하지만 대부분의 부자는 오히려 일을 더 많이 벌이고 있다는 사실에 주목할 필요가 있습니다.

진짜 공부의 7단계	
1단계	할 수 있다는 믿음을 바탕으로 생각이 변해야 한다.
2단계	진로를 기본으로 나만의 공부의 목적을 정해야 한다.
3단계	
4단계	
5단계	
6단계	
7단계	

진짜 공부 3단계

환경 만들기로 시작하기

의지보다
환경

'작심삼일'은 시대를 초월한 명언입니다. 새해가
되면 사람들은 자신만의 목표를 세우지만 이 결심은 3일을 가지 못
합니다. 우리 모두는 결심을 지키는 것이 얼마나 어려운지를 매년 경
험하고 있습니다. 저 또한 매년 날씬했던 과거를 떠올리며 새해마다
다이어트 계획을 세우지만 어김없이 그 계획은 박살이 나고 맙니다.
우리는 도대체 왜 이렇게 계획대로 실천하지 못할까요?

일단 개인의 의지에 의존하는 것은 현명한 전략이 아닙니다. 의
지력은 한계가 있는 유한한 자원이라는 것을 최근 연구들이 뒷받침

하고 있습니다. 의지력이 고갈되면 자기 통제나 의사 결정에 영향을 주게 됩니다. 우리가 무언가를 결심하고 변화를 추구할 때 기본적으로 의지력을 사용하게 됩니다. 다이어트를 결심했다면 건강한 식습관을 갖고 운동을 하기 위해서 의지력을 발휘해야 합니다. 평소에 먹던 밥을 적게 먹어야 하고, 단백질과 채소 위주의 식단을 갖추기 위해서 애써야 합니다. 저녁에 밥 먹고 드러누워서 TV를 보던 습관을 버리고 밖으로 나가 운동을 하기 위해서 많은 의지력을 사용해야 합니다. 이렇게 의지력을 쓰면 일상이 피곤하고 자기 통제력이 약해집니다. 그래서 야밤에 의지력이 고갈되면 참지 못하고 야식을 먹는 일이 벌어집니다. 애를 써가면서 의지력을 발휘하는 식으로 변화를 이어가면 3일도 못 가서 원래의 상태로 돌아갈 것입니다.

지금과는 다른 변화를 원한다면 의지력을 최소한으로 사용하는 식의 전략을 세워야 합니다. 계획을 세우면 열정을 불태우면서 의지력을 최대한 발휘해야 할 것 같지만, 실제로는 정반대의 작전이 필요합니다. 정확하게는 의지력이 많이 필요한 상황을 만들면 안 됩니다. 일상의 예를 하나 들어보겠습니다.

새해를 맞이해서 나는 다이어트를 하기로 결심했습니다. 그런데 저녁에 아버지께서 새해를 맞이해서 가족끼리 파티를 하자며 내가 제일 좋아하는 치킨, 피자를 사 오셨습니다. 다이어트를 한 첫날에 치킨을 먹는 것만큼은 절대로 안 된다고 생각해서 나는 아버지가 사 오신 치킨, 피자를 먹지 않습니다. 그런데 아버지는 그다음 날에도, 또 그다음 날에도 새해 파티를 계속해야 한다며 저녁마다 맛있는 야식을 사 오십니다. 이 상황에서 나는 운동을 할 수가 없습니다. 왜?

아버지가 사 오신 야식을 참는 것만으로도 나의 의지력을 모두 써버렸기 때문입니다. 맛있는 냄새가 솔솔 나는데 이걸 방에서 꾹 참는 것만으로도 나의 의지력은 모두 소진되었습니다. 그러면 집 밖으로 나가서 운동할 의지력은 남아 있지 않게 됩니다. 그리고 일주일이 되는 주말에 나는 결국 폭식을 하고 맙니다. 소진된 의지력은 다음 날까지도 영향을 준다는 연구결과가 있습니다. 나는 계속되는 야식의 유혹을 참느라 의지력을 거의 다 써버렸고, 결국 자기 통제력을 잃게 되면서 폭식을 하고 만 것입니다. 나의 다이어트 계획이 실패한 이유는 먹을 것을 참는 것에 대부분의 의지력을 사용하는 바람에 건강한 식단을 먹거나 운동을 하지 못한 겁니다. 참다가 계획이 무산되는 것으로 끝나버린 겁니다.

이와 비슷한 상황이 공부할 때도 벌어집니다. 책상에 스마트폰을 올려놓고 공부를 시작하는 것은 치킨을 주문하고 운동을 시작하는 것과 다르지 않습니다. 책상 위에 있는 스마트폰의 유혹을 참느라 의지력이 소진됩니다. 이렇게 되면 변화를 위한 더 적극적인 행동을 할 수가 없습니다. 지금 여러분이 공부하는 주변을 둘러보세요. 혹시 공부를 방해하는 것들이 보이나요? 의식적으로 생각을 하지 않더라도 여러분들은 그 유혹들을 참으면서 의지력을 사용하고 있습니다. 이렇게 의지력이 새어 나가버리면 집중해서 공부할 수 있는 힘이 없습니다. 침대가 보이나요? 잠깐 누워서 쉬었다가 공부를 하고 싶은 마음이 들죠? 그 마음을 참느라 나의 공부는 방해를 받고 있습니다. 공교롭게도 제가 지금 이 글을 쓰고 있는 곳에 침대가 있습니다. 솔직히 저도 조금 자고 일어나서 글을 쓰면 맑은 정신에 더 좋은 내용을 쓸 수 있을 것 같다는 생각이 듭니다. 이 생각과 1시간 이상 싸웠습니다. 침대에 눕는 것도 아니고, 그렇다고 집중해서 일을 하는 것도 아닌 상태가 1시간 이상 지속되었습니다. 이런 상황을 애초에 막아야 합니다.

그래서 여러분이 목적한 바에 적합한 환경을 만드는 것이 무엇보다 중요합니다. 수많은 행동과학자는 행동을 바꿀 수 있는 가장 큰 핵심은 환경이라고 입을 모읍니다. 목표에 적합한 환경을 구축하면 의지력을 사용하지 않아도 됩니다. 진짜 공부를 하고 싶다면 환경을 정돈하고, 목표에 적합하게 꾸미는 것이 출발점입니다.

환경이 개인에게 미치는 강력한 영향력을 증명하는 사례가 있습니다. 바스토이섬 교도소는 노르웨이에 위치한 교정 시설로, 수용자들에게 인권 존중과 재사회화를 중요시하는 개념을 바탕으로 운영되는 교도소입니다. 이 교도소는 인류학자들과 사회학자들 사이에서 혁신적인 모델로 알려져 있습니다. 이 교도소를 찍은 사진을 보는 사람들은 모두 깜짝 놀랍니다. 그 이유는 이 교도소 시설이 웬만한 리조트만큼 좋기 때문입니다. 특히 우리가 감방이라고 부르는 곳은 거의 대학 기숙사 수준의 시설을 갖추고 있습니다. 수감자들은 직업훈련, 녹색 농업, 목공 작업 등 다양한 활동에 참여할 기회를 가지며, 사회적 관계를 구축하고 교화 과정을 진행할 수 있도록 지원을 받습니다. 노르웨이 사람들의 세금은 왜 이런 식으로 쓰이고 있는 걸까요?

이 교도소가 운영될 수 있는 비결은 이 교도소의 재범률이 지극히 낮기 때문입니다. 교도소의 가장 큰 미션은 범죄자들의 재범률을 낮추는 겁니다. 수감자들이 출소 이후 다시 사회에 합류할 때에 더 이상의 범죄를 저지르지 않아야 하고, 이 작업을 교도소에서 해 주어야 하는 겁니다. 바스토이섬 교도소는 그들에게 양질의 환경을 제공하고, 독립적으로 살며 자신의 행동에 대한 책임을 질 수 있는 기회를 제공합니다. 또한, 수감자들은 치료 및 상담 프로그램에 참여할 수 있어 심리적 문제를 다루고 개인적인 성장을 도모할 수 있습니다. 이와 같은 인간적인 환경이 수감자들을 인간답게 살고 싶도록 만드는 겁니다.

환경을 바꾸고 의지력을 최소한으로 발휘하면서 목표를 위해서 행동할 수 있도록 주변을 정돈하면 진짜 변화가 시작됩니다. 어느 누구도 늦지 않았습니다. 환경은 성인 범죄자도 인간답게 살고 싶도록 만드는 힘을 갖고 있습니다. 지금까지 적합하지 않은 환경에서 애만 쓰다가 목표 달성에 실패했다면 이번에야말로 제대로 다시 도전해 봅시다. 그 시작은 환경을 만드는 것입니다.

공부를 위한
환경 만들기

책상 앞에 앉는다고 공부가 되지 않습니다. 공부가 어려운 것은 과학입니다. 이를 행동과학의 원리로 풀어보겠습니다. 『습관의 디테일』의 저자 BJ 포그는 인간의 행동은 동기, 능력, 자극이 합쳐지면서 일어난다는 공식을 제시합니다. 제가 참 좋아하는 공식입니다. 이 공식을 이용하면 우리가 행동하는 이유를 알게 됩니다.

B = MAP

(행동 = 동기 × 능력 × 자극)

B는 행동Behavior, MAP는 동기Motivation, 능력Ability, 자극Prompt을 각각 의미합니다. 동기는 행동을 하고 싶은 마음입니다. 능력은 행동을 얼마나 수월하게 실시할 수 있는지를 나타냅니다. 스마트폰으로 유튜브를 보는 행위는 능력 면에서 굉장히 수월한 행동입니다. 이런 행동들은 보다 더 쉽게 일어납니다. 독서는 대다수의 사람에게 쉽게 일어나는 행동이 아닙니다. 독서는 능력 면에서 수월하지 않은 행동이기 때문에 쉽게 일어나지 않습니다. 자극은 행동을 불러일으키는 신호를 의미합니다. 우리가 하는 행동들은 의식적으로 하는 것 같지만 사실 이 3가지 요소가 결합되어서 나도 모르게 하게 된다는 것이 이 책의 요지입니다. 혹시 야식을 먹는 습관을 갖고 있나요? 먹고 나면 후회뿐인데도 자꾸만 밤에 무언가를 먹게 되는 야식 먹는 행동의 MAP를 분석해 봅시다.

B(행동) : 야식을 먹는다.

M(동기) : 스트레스를 받아서 늘 야식을 먹고 싶은 마음이 든다.

A(능력) : 냉장고를 열어 야식을 먹는 것은 수행이 아주 쉬운 행동이다.

P(자극) : 냉장고 문을 여니 먹다 남은 치킨이 보인다.

밤에 냉장고 문을 연다는 것 자체가 이미 나는 뭔가를 먹고 싶은 동기가 있는 상태입니다. 그리고 치킨이 보이면 우리는 당장 꺼내서 먹게 됩니다. MAP가 합쳐졌을 때는 이 행동을 피하기가 너무나 어렵습니다. 반대로 하나라도 행동을 불러일으키는 요소가 빠지면 행동은 일어나기 어렵습니다. 대표적으로 냉장고 안에 치킨을 비롯해서 먹을 것이 하나도 없었다면 그 행동은 일어나지 않습니다.

공부에 방해가 되는 행동들도 위의 공식에 따라서 자연스럽게 일어나는 경우가 많습니다. 공부를 할 때 잠시 침대에 누웠다가 하면 좋겠다는 생각에 침대에 누웠다가 스마트폰의 유혹에 빠지면서 시간을 날린 경험이 있을 겁니다. 이 행동을 공식에 따라서 분석해 봅시다.

B(행동) : 침대에 누워서 스마트폰을 만지작거린다.

M(동기) : 공부는 하기 싫고, 침대에 눕고 싶은 마음이 있다.

A(능력) : 침대에 드러눕는 것은 아주 쉽게 일어나는 행동이다.

P(자극) : 바로 옆에 침대가 보인다.

이런 상황에서는 바로 침대에 눕게 됩니다. 그리고 손 닿는 거리에 스마트폰이 있다면 침대에 누워서 공부를 위한 휴식 시간을 갖는 것이 아니라 눈이 빨개지도록 스마트폰을 들여다보게 될 겁니다. 저 또한 이런 경험이 워낙 많아서 이 공식에 적극 공감을 합니다. 이런 공부에 방해가 되는 행동이 일어나는 것을 막기 위해서는 MAP 중에서 하나를 제거해야 합니다. 3가지 요소 중에서 하나만 없어도 행동은 일어나지 않습니다.

가장 확실한 것은 자극을 없애는 겁니다. 침대가 없는 곳으로 가서 공부하면 됩니다. 스터디카페나 독서실이 침대가 있는 내 방보다 공부에 유리한 환경입니다. 스터디카페에는 침대가 없습니다. 침대가 없으면 누울 수가 없기 때문에 침대에 누워서 무의미한 유튜브 시청을 하는 행동은 일어날 수 없습니다. 공부에 방해가 되는 자극들을 제거해버리면 행동은 일어날 수 없습니다.

공부를 위한 환경을 구축할 때에는 자극을 없애는 데에 집중하세요. 아무리 스마트폰을 하고 싶고, 놀고 싶어도 그럴 수 없는 환경을 만들면 의지력을 발휘할 상황이 만들어지지 않습니다. 지금 공부를 하는 공간을 살펴보세요. 시야에 들어오는 공부에 방해가 되는 것들을 없애버리세요. 그것만으로도 훌륭한 시작이 됩니다.

최악의 자극,
최고의 자극

행동을 유발하는 공식에서 자극이 중요한 이유는 나머지 요소인 동기나 능력은 통제하기 쉽지 않기 때문입니다. 공부와 상극인 놀고 싶고 쉬고 싶은 동기는 누구나 늘 갖고 있습니다. 그리고 공부와 관련 없는 것들일수록 수월하게 일어나기 때문에 능력 면에서 일어나기 쉬운 특성이 있습니다. 결국 개인이 통제할 수 있는 것은 자극밖에 없습니다. 공부에 도움이 안 되는 자극은 없애고, 도움이 되는 자극은 곁에 두어야 합니다.

공부 관련해서는 스마트폰이 최악의 자극일 수밖에 없습니다. 이미 수많은 전문가가 갖가지 근거를 들어서 스마트폰의 위험성을 경고하고 있지만, 이미 스마트폰에 중독된 사람들은 갖가지 이유를 생각해 내면서 스마트폰 사용을 합리화하고 있습니다. 인간은 불확실한 보상에 대해서 도파민이 가장 왕성하게 분비된다고 합니다. 우연히 들어간 가게에서 시켜 먹은 떡볶이가 기대보다 훨씬 맛있을 때, 기대 없이 본 영화가 너무 재미있을 때 우리 두뇌에는 도파민이 왕성하게 분출됩니다. 스마트폰은 우리 주변에서 가장 강력한 불확실성을 제공하는 도구입니다. 인스타그램, 유튜브, 틱톡에는 언제나 내가 예기치 못한 흥미로운 영상이나 글들이 가득합니다. 우리는 이런 불확실성을 기대하고 갈망하면서 습관처럼 스마트폰을 쉼없이 들여다보는 겁니다.

게다가 요즘 웬만한 앱들은 은근슬쩍 알림이 초기 세팅으로 설정되어 있습니다. 알림을 수동으로 끄지 않는 이상은 설치한 앱들에서 끊임없이 알림을 보내옵니다. 이 알림을 기대하는 것만으로도 공부에 방해가 됩니다. 이는 연구로 이미 증명이 된 바입니다. 당연하지 않겠어요? 새로운 알림이 올까 봐 내 집중력이 일부는 이미 스마트폰에 사용되고 있는 겁니다. 공부할 때만이라도 스마트폰을 끄거나 가방에 집어넣어 보세요. 공부의 질이 달라지는 것이 바로 느껴질 겁니다.

어린 학생들에게는 삶의 일부와도 같은 스마트폰을 끄거나 멀리하는 것이 가혹하게 느껴질 겁니다. 하지만 반대로 생각해 보면, 다른 친구들은 절대로 스마트폰을 끄지 못할 겁니다. 일단 내 주변에 스마트폰을 비롯해서 공부에 방해가 되는 것들을 싹 치우는 것만으로도 여러분은 굉장한 출발을 한 겁니다.

공부를 위한 최고의 자극은 무엇일까요? 주변에 책이 가득한 것은 학구열을 불러일으킬 겁니다. 그리고 열중해서 공부하는 이들은 나에게 집중을 위한 좋은 자극이 됩니다. 이 자극들이 모여 있는 곳이 바로 도서관이죠. 지역의 도서관 열람실에서 공부를 하면 평소보다 공부가 더 잘됩니다. 도서관에 자주 들러 보세요.

혹시 지금 공부가 잘 안 되나요? 여러 가지 원인이 있겠지만 환경의 탓일 수 있습니다. 스마트폰을 끄세요. 공부에 방해가 되는 것들을 벗어나 새로운 공간으로 가서 새롭게 시작해 보세요. 평소보다 훨씬 더 집중할 수 있을 겁니다.

진짜 공부의 7단계	
1단계	할 수 있다는 믿음을 바탕으로 생각이 변해야 한다.
2단계	진로를 기본으로 나만의 공부의 목적을 정해야 한다.
3단계	공부를 위한 최적의 환경을 만들어야 한다.
4단계	
5단계	
6단계	
7단계	

진짜 공부 4단계

GRIT으로 공부하기

GRIT으로
공부하기

꿈

　　　　어떤 분야든 노력이 가장 중요하다는 것은 진리에 가깝습니다. 이 사실을 알면서도 우리가 노력을 하지 않는 것이 성공하지 못하는 가장 큰 이유 중 하나입니다. 저 또한 진짜 노력을 기울이기 전에는 가정환경을 탓하고, 저의 불운을 탓하면서 분노에 찬 삶을 살았습니다. 그리고 그런 암울한 날들의 가장 큰 피해자는 바로 저 자신이었습니다.

　여러분이 어린 나이에 월 매출 6,500만 원이 나오는 매장을 운영할 기회가 있다면 운영하시겠어요? 당연히 하겠죠? 연간 매출이 7억

8천만 원 수준입니다. 단, 매장 운영을 위한 몇 가지 조건이 붙습니다.

- 머리는 음식의 청결을 위해서 삭발하기
- 아침 10시부터 새벽 2시까지 하루 16시간 운영하기
- 배달을 제외한 모든 일은 혼자서 하기

여전히 운영하고 싶은 마음이 드시나요? 하루 16시간 매장을 운영하면 자는 시간, 오픈에 필요한 업무를 제외하면 가게 운영만 해야합니다. 10년이 될지, 20년이 될지 모르는 시간 동안 여러분은 이렇게 살 수 있나요? 어쩌면 가혹한 수준의 노동 때문에 몸이 망가질 수도 있습니다. 이런 위험까지 감수하고 매장을 운영할 각오가 되어 있나요?

이 이야기는 유튜브 〈장사의 신〉 채널에 출연한 24살 햄버거집 청년 사장의 이야기입니다. 그는 월세 50만 원의 작은 매장에서 연간 7억이 넘는 매출을 내고 있습니다. 〈장사의 신〉은 장사에 어려움을 겪는 자영업자들을 찾아가 직설적이고 가감 없는 조언을 해 주면서 솔루션을 제공하는 채널입니다. 이 채널을 운영하는 은현장 씨는 중학교 때 철가방 하나로 장사에 성공을 하고 자신의 노하우를 바탕으로 다른 자영업자들을 돕고 있습니다. 이 채널에 22살 때 출연했던 햄버거집 젊은 사장님은 2년 만에 엄청난 매출을 내는 햄버거집을 갖게 되었습니다. 그가 말하는 성공의 비결은 담담하고도 묵직합니다.

"머리카락에 대한 고객들의 불만이 있어서 머리를 밀었다."

"원래는 밤 10시까지 영업했는데 새벽 2시까지 영업을 하니까 다른 가게가 문을 닫은 이후에 손님들이 모두 우리 가게로 왔다. 그게 매출에 큰 도움이 되었다."

여러분들이 햄버거집을 연다면 어떤 작전을 쓸 것 같나요? 이미 프랜차이즈들과 고급 버거집들이 즐비한 대한민국에서 나만의 특별한 맛을 가진 햄버거를 개발해야겠다는 생각이 들 수 있습니다. 하지만 이 사장님은 그것보다 더 확실하고 무식한 방법으로 성공을 했습니다. 〈장사의 신〉은현장 씨는 자신은 20시간씩 일했기 때문에 성공할 수밖에 없었다고 말합니다. 말도 안 되는 노력을 하면 현재 상황을 극적으로 바꾸고 성공할 수 있습니다. 그런 노력이 하기 싫고, 할 수 없기 때문에 대다수는 어떤 분야에서 성공하지 못하는 겁니다.

여기에 숟가락을 얹기 민망하지만 저는 아직도 영어 강사로서 저의 경쟁력은 성실함밖에 없다고 생각합니다. 남들보다 재능도 실력도 늘 부족하다고 생각하기 때문에 저는 더 많이 준비를 해야 한다고 생각합니다. 질릴 정도로 강의 준비를 한 이후에도 몇 번 더 준비를 합니다. 나중에는 내용이 거의 외워지는데 외운 것 같은 느낌이 들지 않도록 오히려 생동감을 약간 더합니다. 이렇게 준비를 해도 10번 강의하면 마음에 드는 강의는 1~2번 정도입니다. 아직도 강의가 끝나고 나면 아쉽고, 이불킥을 하고 싶은 마음이 듭니다. 그래서 저라는 사람은 더 노력해야겠다고 매년 다짐을 합니다. 과거에도 지금도 저의 무기는 근성밖에 없습니다. 다른 사람들보다 실력이 더 있다고는 절대 말할 수 없지만, 더 오래 앉아서 참고 준비하는 것에는 자신이 있습니다.

여러분의 무기는 무엇인가요? 자신이 금수저가 아니라면, 공부에 타고난 재능이 없다면 여러분의 손에 주어진 무기는 사실 GRIT밖에 없습니다. 저도 같은 무기로 싸우고 있고요. GRIT은 미국의 심리학자 앤절라 더크워스 박사가 개발한 개념으로, 열정, 끈기, 끈질긴 노력 정도로 이해할 수 있습니다. 앤절라 더크워스 박사는 자신의 저서에서 GRIT은 단순히 지능이나 재능보다 중요한 성공 요소라고 말합니다. 그녀는 성취를 위한 공식을 다음과 같이 제시합니다.

재능 × 노력 = 기술

기술 × 노력 = 성취

재능이 있는 사람이 노력을 하면 '기술'을 얻게 됩니다. 대한민국을 대표하는 축구 선수인 이강인 선수를 예로 들어봅시다.

그는 2023년 파리 생제르맹에 입단을 하면서 국내 축구팬들의 가슴을 뜨겁게 했습니다. 파리 생제르맹은 아르헨티나의 리오넬 메시, 프랑스의 킬리안 음바페, 브라질의 네이마르가 뛰던 팀입니다. 그 팀에 우리나라 선수가 당당히 입단을 했으니 이는 대한민국 축구 역사에서도 큰 업적입니다. 그는 어린 나이에 축구를 시작했습니다. 〈날아라, 슛돌이〉라는 KBS 예능 프로그램에서 보여준 그의 기량에서 분명 재능을 엿볼 수 있었습니다. 재능에 노력이 더해지자 그는 또래보다 훨씬 더 뛰어난 '기술'을 보여주었습니다. 하지만 기술만 가지고 성취를 할 수 있는 것은 아닙니다. 대한민국을 대표하는 선수, 세계적인 선수가 되기 위해서는 노력을 기울여야 합니다. 세계적인 선수들은 누구나 엄청난 훈련을 소화합니다. 사람들은 그들의 성취를 재능이라고 말하지만, 그들은 주변 누구보다도 혹독하게 훈련을 한다고 말합니다. 이런 노력 끝에 성취라는 결과를 얻는 겁니다. 기술만 있고 노력을 하지 않아서 성취를 하지 못한 선수들에게는 '게으른 천재'라는 수식어가 뒤따릅니다. 결국 무언가를 이루기 위해서는 '노력'이 결정적인 겁니다. 재능이 있어도, 기술이 있어도 노력이 지속되지 않으면 원하는 것을 얻을 수 없습니다.

그 노력을 지속하는 것이 GRIT 정신입니다. 노력도 재능이라는 말을 들어본 적이 있습니다. 이는 완전히 틀린 말은 아닙니다. 앤절라 더크워스 교수는 자신의 책에서 열정의 30%, 끈기의 30%가 유전된다고 말합니다. 열정, 끈기, 노력은 분명히 유전적인 영향을 받습니다. 하지만 그 비중은 30%입니다. 나머지 70%는 유전이 아닌 경험적인 부분이 차지합니다.

여러분이 고민해야 하는 것은 어떤 후천적인 노력을 기울여야 할지입니다. 앤절라 더크워스 교수는 GRIT을 후천적으로 기르기 위한 단계를 다음과 같이 제시합니다.

첫째, 자신이 좋아하는 일에 관심 갖기

둘째, 반복적으로 끈기 있게 연습하기

셋째, 자신에게 흥미롭고, 타인에게 도움이 되는 목적 갖기

넷째, 위기에 대처하게 해 주는 희망 갖기

관심, 연습, 목적, 희망의 개념은 훈련을 통해서 습관으로 만들 수

있다고 더크워스 교수는 강조합니다. GRIT은 선천적인 성격 특성이 아닌, 훈련과 경험을 통해 발전할 수 있는 능력입니다. 열정과 끈기가 있다면 공부도 잘할 수밖에 없습니다. GRIT을 훈련하는 과정을 공부에 적용해서 정리해 봅시다.

첫째, 세상에 호기심을 갖고 공부에 관심을 갖기
둘째, 환경을 갖추고 습관처럼 열심히 공부하기
셋째, 공부의 목적을 찾고 의미 부여하기
넷째, 언제나 긍정적인 태도를 갖기

중요한 것은 여러분이 열정과 노력을 통해서 성장할 수 있다는 믿음을 스스로 갖는 겁니다. 세상 모든 것을 재능의 결과라고 생각하면 아무것도 변하지 않습니다. 재능이라는 개념을 머릿속에서 완전히 지워도 좋습니다. 1만 시간 이상의 노력을 기울이지 않으면 진짜 재능은 발현되지 않습니다. 변하고 싶다면 재능을 생각하기보다는 어떻게 하면 더 노력할 수 있을지를 고민해야 합니다. 재능에 대한 생각은 우리의 성장을 방해하는 제1요소입니다.

저는 재능에 대해서 다시 생각하게 된 계기가 있습니다. 저는 EBSi 강사 오디션에서 8년간 8번을 떨어졌습니다. 이거 한 번만 떨어져도 심리적 타격이 큽니다. 떨어진 명확한 이유를 말해주지 않기 때문에 떨어진 이유에 대해서 스스로 별별 생각을 다 하게 됩니다.

"내가 명문대 출신이 아니라서?"
"내가 어학연수 경험이 없어서?"

"내가 부산 출신이라 표준어를 못 써서?"

"내가 못생겨서?"

"내가 실력이 부족해서?"

이런 이유가 계속해서 생각이 나면서 자존감이 깎입니다. 그런데 여기에 제가 8년간 쉬지 않고 지원하면서 결국 합격하고 지금 강의를 할 수 있는 이유가 숨어 있습니다. 저는 여러 가지 이유 중에서 하나에 집중했습니다.

"내가 실력이 부족해서 떨어졌구나."

이것 하나에 집중했습니다. 실력이 부족한 것은 매년 노력하면 바꿀 수 있는 요소입니다. 다른 것들은 나의 의지로 바꿀 수가 없습니다. 다시 태어나지 않는 한 외모, 학벌, 고향 등은 바꿀 수 없을 겁니다. 바꿀 수 있는 것은 나의 실력밖에 없습니다. 이렇게 생각을 하고 나니 떨어지고 나서도 할 것이 있었습니다. 올해 실력이 부족해서 떨어졌다면 내년에는 더 열심히 노력하면 되는 것이었습니다. 그렇게 매년 노력을 한 끝에 마침내 8년 만에 강사에 합격했을 때 저는 누구보다 끈기가 있는 사람이 되어 있었습니다.

지금 여러분이 처한 상황에서 여러분의 힘으로 가장 먼저 얻을 수 있는 무기가 바로 GRIT입니다. 대다수의 학생은 1만 시간을 노력할 의지가 없고, 이를 지속하지 못하기 때문에 원하는 것을 얻지 못할 뿐입니다. 시작은 여러분의 생각에 달려 있습니다.

밥 먹듯이
실패하라

조훈현 9단은 역사상 최고의 바둑 선수 중 한 명으로 꼽힙니다. 그는 160회의 우승 경험을 가졌고, 이는 대한민국 바둑기사 중 1위에 해당합니다. 그는 자신의 저서 『고수의 생각법』에서 프로 바둑기사에게 이기고 지는 것은 밥 먹는 것과 똑같다고 말합니다. 그의 말을 옮겨 봅니다.

"밥은 오늘 하루만 먹는 게 아니다. 내일도 먹고 모레도 먹고 글피에도 먹어야 한다. 1년 후에도 10년 후에도 우리는 밥을 먹을 것이다. 그래서 오늘 먹은 밥이 좀 맛있었다고 흥분해서도 안 되고, 맛이 없었다고 짜증을 내서도 안 된다."

승부의 세계에서 감정을 다스릴 줄 모르면 오래갈 수 없습니다. 세계 최고의 바둑 선수에게도 승리만 있는 것이 아닙니다. 그는 7~8할 정도의 승률을 유지했습니다. 만34세의 나이에 치른 58국에서 48승 10패를 기록하는 식입니다. 승률 8할에 달하는 엄청난 성적이지만 그에게도 패배는 있습니다. 바둑은 한 수 한 수가 중요한 승부이기 때문에 패한 이후에도 마음의 평정심을 유지하는 것이 중요합니다. 조훈현 9단은 실패를 밥 먹듯이 한다는 마음으로 고수의 자리를 유지할 수 있었습니다.

우리 눈앞에 보이는 성공들은 수많은 실패의 결과에 불과합니다. 모든 사람이 실패를 합니다. 하지만 실패를 대하는 태도에는 차이가 있습니다. 성공한 사람들은 실패가 금방 극복될 것이라는 긍정적인 태도를 갖고 실패를 대합니다. 그런 태도 덕분에 그들은 실패를 딛고 성공을 할 수 있었던 겁니다.

고등학교 1학년 때 처음 받는 내신 성적은 많은 학생에게 실패라는 감정을 불러일으킵니다. 내신9등급제에서 1등급은 전체의 4%에 불과합니다. 나머지 96%의 학생들은 실패라는 감정을 느낄 수밖에 없습니다. 하지만 이 실패에 대한 태도나 생각의 차이는 엄청난 결과의 차이로 이어집니다. 내신 6등급을 받은 학생이 1등급을 받을 수 있을까요? 불가능할 거라고 생각한다면 그 생각 때문에 시도조차 못하는 겁니다. 인문계 고등학교에서 고1 때 내신 6등급을 받은 학생이 서울대학교를 갈 수 있을까요? 네, 갈 수 있습니다. 그리고 이상의 사례들은 모두 실제로 전국에서 일어난 일들입니다. 학교별로 전설 같은 사례들이 존재합니다. 그들은 낮은 성적을 받았지만 이것을 극복하고 결국 주변을 놀라게 하는 결과를 얻었습니다.

누군가는 6등급을 받고 마음이 무너져서 공부를 못합니다. 다른 누군가는 6등급을 받고 더 독하게 공부를 해서 원하는 성적을 받습니다. 이 모든 것들을 재능이라고 말할 수 없습니다. 실제로 그들의 공부하는 태도가 다르기 때문입니다. 실패에 좌절하고, 불안해하면서 공부를 하면 결과가 따라오지 않습니다. 실패를 밥 먹듯이 일상적으로 생각하고 부지런히 노력을 기울여야 원하는 것을 향해서 나아갈 수 있습니다.

세상에 보이는 거의 모든 성공은 실패 끝에 얻어낸 것들이기 때문에 실패에 대한 이야기만 모으면 책 한 권으로도 모자랍니다. 혹시 원하는 성적이 나오지 않아서 실망하고 아무런 노력도 하고 있지 않다면 다음의 실패 사례들을 보면서 앞으로 나아갈 힘을 얻기 바랍니다. 실패는 누구에게나 일어납니다. 이것을 어떻게 이겨내고, 성장을 위한 동력으로 삼을지 차이가 날 뿐입니다.

디즈니 월드와 애니메이션 제작으로 유명한 월트 디즈니는 실패를 끊임없이 겪었습니다. 처음으로 디즈니랜드를 개장할 때, 많은 비판과 예상치 못한 어려움들로 인해 거의 파산할 뻔했습니다. 그러나 그는 자신의 꿈을 버리지 않고 최종적으로 디즈니랜드를 성공시키며 이후 디즈니 엠파이어를 창조했습니다.

애플의 창업자인 스티브 잡스 역시 성공하기까지 실패를 많이 겪었습니다. 애플을 처음 창업했을 때, 상업적으로 성공하지 못했고 회사에서 쫓겨나야 했습니다. 하지만 그는 포기하지 않고 노력하며 애플을 다시 창업하고 혁신적인 제품을 선보이며 세계적인 기업으로 성장시키는 데에 성공했습니다.

현재 전기 자동차 제조사인 테슬라와 우주 기업인 스페이스X를 창업한 일론 머스크도 초기에는 많은 어려움과 실패를 겪었습니다. 테슬라 차량의 초기 생산 단계에서는 제품 불량과 생산 지연으로 많은 비판을 받았고, 스페이스X는 여러 번의 실패를 겪으며 로켓 발사 실패가 빈번했습니다. 그러나 일론 머스크는 그 실패들을 극복하며 혁신적인 기술과 제품을 개발하여 성공적인 기업들을 건설했습니다.

실패에 대한
단계적 극복

실패는 누구에게나 찾아옵니다. 수능 만점자들이라고 해서 고교 생활 내내 평탄한 길만 걸은 것이 아닙니다. 누구나 실패하고 흔들리는 순간을 맞이하게 됩니다. 이 실패에 대해서 어떻게 대처를 하고 극복하는지가 결과에 영향을 줍니다. 수능 만점자들이 인터뷰를 통해서 밝힌 실패에 대처하는 방법을 들어봅시다.

"실수에 대한 분석을 확실하게 한 후에 대안을 찾고 똑같은 상황이 또 닥치면 어떻게 할지에 대한 매뉴얼을 마련해둡니다. 예를 들어 9월 모평 점수가 곧 수능 점수라는 말에 긴장한 탓인지 갑자기 그전에는 없던 계산 실수가 생기더라고요. 그래서 나름의 계산 실수 대비책을 세웠고 이런 매뉴얼에 따라 수능에서 계산 문제를 다시 확인한 결과 오답 하나를 잡아낼 수 있었어요.

시험에 틀렸다고 두려워할 필요는 없어요. 얼마나 다행이에요. 정작 수능 날보다 빨리 틀린 덕에 몰랐던 부분을 알게 되니 자연스럽게 성적은 오를 수밖에 없잖아요. 내가 몰랐던 부분을 확인했기 때문에 기분이 나쁜 것은 사실이지만 그것에서 멈추지 않고 틀린 부분을 말끔하게 해결해 다음에는 틀리지 않는 실력으로 만들 수 있습니다."

_ 2020학년도 만점자 늘푸른고등학교 구본류 학생

현재 입시 시스템상 내신으로 대학에 지원하고자 하는 경우, 고1 때의 내신이 매우 중요하게 작용합니다. 이런 상황에서 원하는 내신을 받지 못하는 많은 고1 학생들이 불안감을 느끼고 있습니다. 여러 분만 원하는 성적을 받지 못한 것이 아닙니다. 내신9등급제라는 시스템은 극소수를 제외하면 누구나 원하는 성적보다 낮은 성적에서 출발하게 됩니다. 실패는 대다수에게 일어나는 일이고 여기에 대한 대처가 중요합니다. 혹시 내신 성적표를 받고서 무력감에 빠져 있다면 아래의 단계를 따라서 생각을 해 봅시다.

성적으로 인한 실패 극복하기

- 실패를 인정하고 받아들이기

"1등이 나보다 더 열심히 노력했겠지."

- 남 탓하지 않기

"학교, 학원, 과외, 인강, 부모, 가정환경 등등 때문이 아니야."

- 내가 할 수 있는 것을 하기

"이번에는 공부를 방해하는 것들을 더 줄여보자."

"이번에는 계획을 더 꼼꼼하게 지켜보자."

"이번에는 조금 다른 방식으로 공부해보자."

- 작은 성공하기

"오늘의 할 일은 반드시 지키자."

무기력에서 벗어나기 위해서는 내가 통제할 수 있는 것들을 통해서 작은 성공을 경험하는 것이 중요합니다. 무기력은 반복되면 학습이 되어서 나의 성장 가능성을 제한합니다. 하루 중 내가 통제할 수 있는 것들에 집중하세요. 아래의 것들은 충분히 내 의지로 성공할 수 있는 것들입니다. 나와의 약속을 지키고 성공하면서 점점 큰 목표를 향해서 나아가기 바랍니다. 그리고 여러분이 거둔 작은 성공은 결코 작지 않습니다. 하루의 성공이 모이면 결국 큰 결과로 이어지게 됩니다.

내가 통제할 수 있는 작은 성공들

- 공부할 때는 스마트폰 사용하지 않기
- 하루 수면 시간 6시간 이상 확보하기
- 30분 정도의 가벼운 운동하기
- 하루에 독서 5페이지 이상 하기

진짜 공부의 7단계	
1단계	할 수 있다는 믿음을 바탕으로 생각이 변해야 한다.
2단계	진로를 기본으로 나만의 공부의 목적을 정해야 한다.
3단계	공부를 위한 최적의 환경을 만들어야 한다.
4단계	실패를 겁내지 말고 GRIT의 정신으로 공부해야 한다.
5단계	
6단계	
7단계	

진짜 공부 5단계

습관으로 정착시키기

습관의
이중성

　　우리 행동의 약 45%는 습관처럼 일어난다고 합니다. 하루에 하는 절반가량의 행동은 나도 모르게 습관처럼 일어나는 것들입니다. 우리 인생은 습관대로 흘러가게 되어 있습니다. 공부를 잘하는 학생은 공부에 도움이 되는 습관을 가지고 있습니다. 공부를 힘들어하는 학생은 공부에 도움이 안 되는 나쁜 습관을 다수 가지고 있습니다. 이것은 변하고 싶다면 직면해야 하는 팩트입니다. 살신성인의 마음으로 저의 가장 큰 고민인 체중에 대해서 고백합니다. 근육질의 건장한 몸을 갖고 싶지만 마흔이 넘도록 그런 몸은 가져

보지를 못했습니다. 그렇다고 건강에 관심이 없는 것은 아닙니다. 솔직히 먹고 싶은 것을 다 먹었다면 벌써 100kg을 넘었을 겁니다. 하지만 몇 년째 체중이 줄지 않고, 오히려 최근에는 슬금슬금 체중이 늘고 있습니다. 세상에 원인이 없는 결과는 없습니다. 저의 하루에 체중이 늘 수밖에 없는 습관이 다수 존재하는 겁니다. 지금 생각이 난 김에 자기반성을 하면서 체중이 늘 수밖에 없는 습관들을 생각해 봅니다.

- 시간을 내 운동을 하지 않는다.
- 앉아서 일하는 시간이 너무 많다.
- 과자를 주기적으로 먹는다.
- 한 번에 너무 많이 먹는다.
- 식사 시간이 불규칙하다.
- 패스트푸드를 주기적으로 먹는다.

땀 흘리는 운동을 하지 않고 먹고만 있으니 살이 빠질 수가 없습니다. 마음만 있어서는 아무런 변화도 일어나지 않습니다. 습관적으로 반복하는 행동만이 변화를 가져올 수 있습니다. 공부를 어려워하는 학생들도 한 번씩은 열심히 공부를 합니다. 잠을 줄이고, 스마트폰을 통제하면서 열중해서 공부를 합니다. 하지만 이것이 효과가 없는 이유는 습관이 되지 못하기 때문입니다. 공부를 잘하는 학생들은 습관처럼 매일, 수년 동안 공부에 도움이 되는 습관을 유지합니다.

습관은 한번 만들기가 매우 어렵습니다. 여러분들의 일상적인 아침 일과를 바꾸는 일은 참 어렵습니다. 대표적으로 어른들 책상에는 항상 유통기한이 지난 영양제가 놓여 있습니다. 저도 그중 한 명입니다. 몸이 안 좋으니까 건강을 위해서 영양제를 구매합니다. 매일 1알씩 먹으라고 합니다. 그런데 영양제를 먹는 것은 기존에 없던 습관입니다. 새로운 습관을 만들어야 하는데 이 행동이 나의 하루에 정착이 되질 않습니다. 어떤 날은 아침에 먹고, 어떤 날은 뒤늦게 밤에 먹습니다. 안 먹는 날이 가장 많습니다. 왜? 원래 영양제를 먹는 습관이 없기 때문에 안 먹는 일상이 너무나 자연스러운 겁니다. 평소처럼 살다 보면 영양제를 안 먹고 잠자리에 들게 됩니다. 그렇게 영양제를 먹지 않고 살던 대로 살다 보면 어느덧 영양제의 유통기한이 지나버립니다. 그러면 또 새로운 영양제를 구매합니다. 그리고 벌어질 일은? 또다시 그 영양제도 유통기한이 지나게 됩니다. 제 방에도 유통기한이 지난 영양제가 가득합니다. 이처럼 우리는 하나의 행동도 새롭게 습관으로 만들지 못합니다.

우리 두뇌는 습관대로 행동하는 효율을 추구하지만, 새로운 습관은 강렬하게 거부합니다. 이것이 습관이 가지고 있는 이중성입니다. 이를 긍정적으로 해석하자면 다른 사람은 쉽게 만들 수 없는 좋은 습관을 내가 만들 수 있다면 그것이 우리의 경쟁력이 됩니다. 공부를 잘하기 위해서는 반드시 공부 습관을 만들어야 합니다. 습관처럼 공부를 해야 힘을 들이지 않고 공부를 지속할 수 있습니다. 공부를 하루이틀 열심히 해도 어느 순간 원래의 모습대로 살게 됩니다. 최초의 열정이나 각오만으로 원하는 성취를 할 수 있다면 세상 모든 사람이 성공했을 겁니다. 결국 변화를 지속하기 위해서 새로운 습관을 만든 사람만이 실제로 변화를 하고, 원하는 성취를 이루어냅니다.

공부 습관을 만드는 것은 절대로 쉬운 일이 아닐 겁니다. 하지만 그렇게 어려운 만큼 내가 공부 습관을 만들어낸다면 나만의 강력한 무기가 될 겁니다. 다른 친구들은 쉽사리 공부 습관을 만들 수 없기 때문입니다. 두뇌가 원래 그렇게 설계되어 있습니다. 이번 장에서는 나의 가장 강력한 무기가 될 수 있는 공부 습관을 만드는 방법을 알아봅시다.

습관 형성의
66일

하나의 습관이 만들어지는 데에 얼마의 시간이 걸릴까요? 다양한 의견들이 있지만 습관 형성에는 66일이 걸린다는 연구결과가 가장 대중적으로 알려져 있습니다. 이는 영국의 심리학자인 필리파 랠리와 동료들의 '습관 형성에 소요되는 시간에 대한 조사 연구'에서 2010년에 발표된 내용을 바탕으로 한 겁니다. 이 연구의 구체적인 내용을 살펴볼 필요가 있습니다. 연구 참가자들은 12주 동안 다양한 습관을 형성하려고 했으며, 이들은 자신이 형성하고자 하는 습관을 선택한 후 매일 그 습관을 실행하고 기록하도록 요청받았습니다. 연구 초기에는 참가자들이 습관을 형성하기 시작한 날로부터 12주 동안 진행되었지만, 나중에 추가적으로 습관 형성에 걸리는 시간과 진행 상태를 더 자세히 파악하기 위해 추가적인 데이터 수집이 이루어졌습니다. 이 실험의 주요 결과를 살펴봅시다.

- **평균 습관 형성 기간**: 평균적으로 습관을 형성하는 데 약 66일(2개월 정도)이 소요되었습니다. 하지만 습관 형성에 걸리는 시간은 개인에 따라 다양하며, 짧은 경우에는 18일부터 긴 경우에는 254일까지 범위가 있었습니다.
- **습관 형성 속도**: 초기에는 습관 형성이 느리게 진행되다가 일정 기간 이후로는 빠르게 진행되는 경향을 보였습니다. 이는 처음에는 의지와 인내가 요구되며, 일정한 반복과 시행착오를 거쳐서 습관이 자동화되는 것으로 해석됩니다.
- **실패와 재시도**: 습관 형성 과정에서 참가자들의 실패와 재시도가 나타났습니다. 초기에 습관을 꾸준히 형성하지 못하고 중단하는 경우가 있었으나, 이후 재시도하여 성공한 경우도 보였습니다.
- **습관 형성과 유지**: 습관을 형성하는 데 성공한 후에도 유지하는 데에도 노력이 필요했습니다. 습관을 지속적으로 실천하는 것이 중요하며, 자동화되지 않은 습관은 잊혀지거나 퇴화될 수 있습니다.

　연구결과를 구체적으로 들여다보면 66일 만에 습관이 형성되지 않음을 알 수 있습니다. 개인에 따라서는 습관 형성에 254일까지 걸린 사례가 있었습니다. 약 8~9개월의 시간이 필요한 겁니다. 게다가 습관 형성 과정에서는 실패가 수반되며, 이를 포기하지 않고 끝까지 노력을 해야 겨우 습관을 만들 수 있습니다. 형성된 습관도 계속 실천하지 않으면 다시 원래 상태로 돌아갑니다. 하나의 습관을 만든다는 것이 얼마나 어려운 일인지를 알 수 있습니다.

공부하겠다고 일주일, 한 달 노력하다가 포기하는 일이 비일비재합니다. 이는 연구에 따르면 너무나 당연한 일입니다. 영단어를 하루에 30개씩 외우기로 마음먹었다고 가정해 봅시다. 이를 6개월간 지속하기만 한다면 5천 개가 넘는 영단어를 익힐 수 있습니다. 참고로 수능에서 요구하는 단어의 수준이 5천 개 정도라는 통계가 있습니다. 하루 30개씩 단어를 외우는 것을 6개월 지속하면 수능까지 정복이 가능한 겁니다. 과연 이 도전에 성공할까요? 99%는 실패할 거라고 생각합니다. 그중에서도 가장 치명적인 걸림돌은 꾸역꾸역 1개월 이상 외우다가 어느 순간 나에게는 재능이 없다고 생각하면서 포기하는 겁니다. 외워도 외워도 발전이 안 느껴지니까 어느 순간 포기하는 거죠. 이것은 원래 습관으로 돌아가려는 두뇌와 온몸의 작전입니다. 합리화를 하면서 원래 단어 암기가 없던 일상으로 돌아가려고 하는 겁니다.

습관을 만들고자 한다면 최대 9개월까지를 잡고 계획을 잡아야 합니다. 그리고 9개월까지는 무슨 일이 있어도 포기하지 않아야 합니다. 재능을 탓하고 싶다면 9개월 이후에 탓해야 합니다. 그전까지 일어나는 모든 일은 원래 그런 겁니다. 이미 2010년에 연구를 통해서 습관 형성은 오래 걸리고, 매우 어렵고, 만든 다음에도 지속하기 어렵다는 것이 밝혀졌습니다. 그리고 습관을 만들다가 힘들 때는 기억합시다. 내가 힘들어하는 만큼 다른 사람들은 이 습관을 만들지 못한다는 것을요.

습관 형성의
원리

모든 사람에게 24시간이 공평하게 주어집니다. 성공은 멀리 있지 않습니다. 이 시간 동안 좋은 습관을 실천하는 사람은 나쁜 습관을 가진 사람보다 성공에 다가갈 겁니다. 그리고 습관의 무서운 점은 점점 이 결과가 누적된다는 겁니다. 좋은 습관으로 가득한 하루가 쌓일수록 나쁜 습관을 가진 이들과의 격차는 더더 커집니다. 어떤 습관들을 내 것으로 만들면 좋을까요? 성공한 사람들의 습관을 정리한 베스트셀러 『타이탄의 도구들』에서는 성공한 이들이 가진 공통적인 습관을 제시합니다. 이 책의 저자는 세상에서 가장 지혜롭고, 부유하고, 건강하다고 평가받는 인물들을 만나서 그들의 습관을 노트에 정리했습니다. 저자가 '타이탄'이라고 부르는 성공한 사람들의 습관을 알기 위해서는 책을 구매해서 살펴보기 바랍니다. 서문에서 밝힌 저자가 간략히 소개하는 성공한 사람들의 습관들을 살펴봅시다.

- 그들 중 80% 이상이 매일 가벼운 명상을 한다.
- 45세 이상의 남성 타이탄들은 대부분 아침을 굶거나 아주 조금 먹는다.
- 많은 타이탄들이 잠자리에서 특별한 매트를 애용한다.
- 유발 하라리의 『사피엔스』, 찰스 멍거의 『불쌍한 찰리 이야기』, 로버트 치알디니의 『설득의 심리학』, 빅터 프랭클의 『죽음의 수용소에서』, 헤르만 헤세의 『싯다르타』를 다른 책들보다 훨씬 더 칭찬하고

더 많이 인용한다.

- 고도의 집중력이 요구되는 창의적인 작업 때마다 반복해서 틀어놓
  는 노래 한 곡, 앨범 하나를 갖고 있다.
- 거의 모든 타이탄이 오직 스스로의 힘으로 많은 고객과 클라이언트
  를 사로잡은 성공적인 프로젝트 완성 경험을 갖고 있다.
- 그들은 모두 '실패는 오래가지 않는다'는 확고한 믿음을 갖고 있다.
- 그들은 대부분 자신의 분명한 '약점들'을 받아들이고, 그것들을 커다
  란 경쟁력 있는 기회로 바꿔냈다.

누구라도 성공하는 사람들의 습관을 내 것으로 만들고 싶을 겁니다. 하지만 우리는 습관을 만든다는 것이 얼마나 어려운 일인지 잘 알고 있습니다. 따라서 습관 형성에 대해서는 과학적으로 접근할 필요가 있습니다.

찰스 두히그는 자신의 저서인 『습관의 힘』에서 습관이 형성되는 과정을 '신호-반복 행동-보상'의 과정으로 설명합니다. 신호는 특정 행동을 자극하는 역할을 합니다. 이것이 반복적인 행동으로 이어집니다. 그리고 보상은 특정한 행동을 했을 때 얻게 되는 이득입니다. 가령 스트레스를 받을 때 초콜릿을 먹는 행동을 하면 당분 섭취로 인해서 도파민 분비가 되면서 만족감이 들 겁니다. 이때의 만족감이 보상입니다. 보상은 주로 도파민 분비와 연결되면서 특정 행동을 반복적으로 수행하도록 합니다. 이런 과정을 거쳐서 습관이 형성됩니다.

스마트폰 사용이 어떻게 우리 일상의 습관이 되었는지를 이 과정을 통해서 설명해 보겠습니다. 스마트폰을 사용하는 것은 유전이 아

닌 100% 습관의 결과입니다. 아이폰1은 2007년에 출시되었습니다. 2023년 기준으로 약 16년이 흘렀습니다. 인간은 16년 만에 진화를 하는 존재가 아닙니다. 지금 전 세계 인구가 스마트폰을 들여다보고 있는 것은 철저한 습관의 결과입니다. 스마트폰을 습관적으로 사용하게 되는 과정은 다음과 같습니다.

신호 스마트폰을 보는 순간 쓰고 싶은 욕구를 느낀다.

반복 행동 스마트폰을 이용해서 보고 싶은 영상을 시청하고, SNS를 즐긴다.

보상 스마트폰 사용을 통해서 즐거움, 쾌감을 느낀다.

스마트폰 사용은 분명히 우리에게 즐거움을 줍니다. 한 번이라도 이를 경험하고 나면 스마트폰을 보기만 해도 사용하고 싶어집니다. 찰스 두히그는 이를 '열망'이라고 설명합니다. 열망은 습관을 강화합니다. 스마트폰을 즐긴 사람은 다음에도 스마트폰을 보면 사용하고 싶은 욕구를 느낍니다. 그리고 또 한번 사용을 하면서 쾌감을 느낍니다. 이 과정에서 스마트폰 사용은 일상의 습관이 됩니다.

좋은 습관을 만들고, 나쁜 습관을 제거하면 우리의 미래는 절로 밝아질 겁니다. 이를 위해서는 습관의 형성 과정을 이해하고 이용해야 합니다. 우리는 신호를 받고 행동하고 보상을 받으면서 습관을 만드는 존재입니다. 지금 우리가 매일 반복적으로 하는 일들은 모두 이런 식으로 만들어졌습니다. 이 원리를 이용해서 본격적으로 좋은 습관은 만들고, 나쁜 습관은 소거해 보겠습니다.

좋은 습관
만들기

일단 습관을 만들기로 마음을 먹었으면 매일의 일과가 지루할 정도로 일정해야 합니다. 그 이유는 습관 형성은 신호를 바탕으로 반복 행동을 하고 일정한 보상을 받는 규칙적인 과정이기 때문입니다. 매일 새로운 곳을 돌아다니면서 새로운 경험을 하면 매일의 신호가 달라지기 때문에 습관을 형성할 수 없습니다. 성공한 사람들은 굉장히 반복적인 삶을 살고 있습니다. 애플의 전 CEO 스티브 잡스와 메타(전 페이스북)의 CEO 마크 저커버그는 똑같은 옷을 입는 것으로 유명합니다. 세계적인 부를 축적한 버크셔 해서웨이의 CEO인 워런 버핏의 아침 루틴 또한 유명합니다. 그는 아침에 일어나서 신문을 읽고 근처 맥도날드에서 아침을 먹습니다. 주식 시장 사정이 좋지 않을 때는 가격이 저렴한 메뉴를 먹는다고 합니다. 출근후 사무실에서 재무제표, 경제 보고서 등을 읽는다고 합니다. 그리고 그는 컴퓨터, 전화, 회의를 안 하는 것으로 유명합니다. 점심시간에도 주로 맥도날드 햄버거를 먹고, 퇴근 후에도 주로 신문이나 책을 본다고 합니다. 그가 일과를 반복적으로 유지하는 것은 경제 분석과 같은 더 중요한 일에 집중하기 위해서일 것입니다.

일단 여러분의 하루 습관을 한번 나열해 봐야 합니다. 매일 반복적으로 일어나는 일들을 적어보세요. 저는 공부에 집중하기 위해서 매일 똑같이 살려고 노력을 오랜 기간 해왔기 때문에 습관이 여러분들보다 좀 더 많을 수 있습니다. 저의 고정된 습관은 다음과 같습니다.

- 새벽 5시 기상

- 씻고, 같은 옷을 입고 나오기

- 같은 자리에 주차해 둔 차를 타고 나오기

- (아침에 시간이 남으면 가벼운 산책)

- 아침 7시 스타벅스 입장

- 사과&케일 주스와 에그 샌드위치 주문

- Adele의 노래 1시간 연속 듣기를 들으면서 업무 시작

- 공부 시작할 때는 안경 쓰기

- 영어 문제를 풀 때는 같은 펜만 쓰기

여기까지가 제가 고정적으로 하는 오전 행동들입니다. 적고 보니 운동을 위한 습관이 없습니다. 제가 계속 살이 찌는 이유는 운동을 위한 습관이 없기 때문입니다.

좋은 습관을 일상에 추가하기 위해서는 행동을 위한 확실한 신호를 만들어야 합니다. 이는 트리거trigger라고도 불리는 개념인데 스마트폰의 알림처럼 우리가 어떤 행동을 해야 한다는 사실을 확실하게 알려주는 개념입니다. 신호나 트리거가 될 수 있는 것은 다양합니다. 특정 행동일 수도 있고, 시간이나 장소일 수 있습니다. 예를 들어서, 비타민이나 한약 같은 약을 먹을 때 우리는 굉장히 자주 복용해야 한다는 사실을 잊어버립니다. 이때 만들어야 하는 습관은 다음과 같습니다.

'약을 제때 복용한다.'

이 행동을 반드시 하도록 만드는 신호를 만들어 봅시다. 첫째, 내

가 매일 하는 행동에 이 행동을 결합하면 됩니다. 저녁은 늘 먹습니다. 저녁을 먹고 나면 '반드시' 약을 먹는다고 정하면 이 행동을 하기 수월해집니다. 아침에 일어나자마자 물 한 컵을 먹는 사람들도 같은 원리를 이용하는 겁니다. 매일 반드시 하는 일에 새로운 행동을 합치는 겁니다. 또 다른 방법으로는 시간과 장소를 확실하게 정할 수 있습니다. 자기 전에 이를 닦듯이 자기 전에 반드시 주방에 가서 약을 먹는다고 생각하면 이 행동을 잊지 않고 실천할 수 있습니다. 자기 전에 독서하는 것을 습관으로 만들고 싶다면 침대 옆에 책을 놔둬야 합니다. 그러면 자기 전에 침실에서 독서를 하는 것을 잊지 않고 할 수 있습니다. 자기 전에 이를 반드시 닦는 것처럼 약을 먹겠다고 생각하고, 약을 잘 보이는 곳에 둔다면 행동을 반복적으로 실천하기 쉬워집니다. 칫솔 옆에 약통을 두어도 효과적일 것 같습니다.

우리가 만들고 싶은 좋은 습관을 위한 행동들은 실천에 옮기기 힘든 경우가 대부분일 겁니다. 공부도, 운동도 힘이 듭니다. 그래서 좋은 습관을 지속하기 위해서는 보상이 필요합니다. 보상은 두뇌에서 도파민을 분비시켜서 반복적인 행동이 완전히 습관이 될 수 있도록 돕습니다. 신호를 바탕으로 공부를 시작하지만, 공부 자체가 힘들기 때문에 보상이 더해지지 않으면 고통스러운 기억으로 간주되어서 다시 실천하기 싫을 겁니다. 그래서 보상이 필요합니다. 보상은 즉각적으로 주어지는 것이 좋다는 게 전문가들의 공통적인 의견입니다. 1년 후에 주어지는 큰 보상보다는 오늘 공부 계획을 모두 지켰을 때 주어지는 작지만 의미 있는 보상이 필요합니다.

여러분이 개인적으로 좋아하는 것을 보상으로 사용하면 좋습니다. 저는 부끄럽지만 과자를 아직도 좋아합니다. 과자를 밥보다 좋아하지만 평소에는 먹지 않습니다. 주로 힘든 일을 마치고 나면 보상으로 과자를 먹습니다. 그날의 공부 계획을 마쳤을 때는 여러분이 좋아하는 음식을 보상으로 사용하면 좋습니다. 꼭 무언가를 사지 않아도 스스로 느끼는 만족감이나 보람도 보상으로 작용합니다. 하루의 계획을 모두 지킨 다음에 느끼는 뿌듯한 마음을 충분히 느끼세요. 내가 해냈다는 그 마음으로 온 마음을 채우세요. 이 과정에서 우리의 두뇌가 훈련됩니다. 공부라는 행동을 즐거움과 연결하면서 다음 공부를 수월하게 만듭니다.

나쁜 습관
없애기

공부를 잘하기 위해서는 나쁜 습관을 나의 하루에서 제거해야 합니다. 사실 지금 여러분이 원하는 성적이 안 나오는 이유는 나의 하루 중 공부에 도움이 되지 않는 습관들이 다수 존재하기 때문일 겁니다. 이제부터 집중해야 합니다. 나쁜 습관을 없애는 것은 좋은 습관을 만드는 것보다 어렵습니다. 왜냐하면 지금까지의 이야기들을 종합했을 때 여러분의 나쁜 습관은 살고 있는 환경 속에서 '신호-반복 행동-보상'의 고리를 통해서 이미 나의 일상으로 굳어졌기 때문입니다. 강력하게 지속된 습관은 중독과도 비슷합니다. 금연이나 금주를 하는 과정처럼 정말 쉽지 않은 여정이 기다릴 겁니다.

우리가 생각할 수 있는 공부에 방해가 되는 나쁜 습관들을 생각해 봅시다. 개인에 따라서 공부에 치명적인 영향을 준다고 생각되는 나쁜 습관들이 있을 수 있습니다. 일단 객관적으로 자신의 공부를 방해하는 나쁜 습관을 정리해야 합니다.

- 늦게 잠들어서 아침에 피곤하게 일어나는 것
- 아침을 먹지 않는 것
- 졸리고 피곤하니 불량한 식품을 섭취하는 것
- 운동을 하지 않는 것
- 수업시간에 졸리면 자는 것
- 수업에 집중하지 못하는 것
- 스마트폰을 통제하지 못하는 것
- 게임을 수시로 하는 것
- 하루의 계획을 완수하지 못하는 것
- 부모님에게 짜증 내는 것
- 불안에 떠는 것
- 스트레스를 폭식으로 푸는 것

대다수의 학생은 스마트폰을 통제하지 못하고 있을 겁니다. 스마트폰을 내 의지대로 통제할 수 있다면 앞으로 정말 엄청난 성장을 할 수 있습니다. 스마트폰을 사용하는 나쁜 습관을 없애기 위한 노력을 같이 해보겠습니다. 사실 스마트폰을 없애는 것이 가장 강력하고 확실한 해결책입니다. 이걸 옆에 두고서 자제할 방법을 찾는 것보다 화끈하게 없애는 것이 훨씬 더 수월합니다. 너무 가혹한 방법이라고 생각이 된다면 공부할 때 스마트폰을 끄거나, 공부에 방해되는 앱은 지워 보세요. 이런 식으로 스마트폰 사용을 어렵게 만들면 자연스럽게 이 행동은 줄어들게 됩니다. 다만, 근본적으로 스마트폰 사용과 같은 나쁜 습관을 개선하고 싶다면 여러분의 마음을 읽을 필요가 있습니다. 여러분이 스마트폰이나 게임에 빠져 있는 이유가 반드시 있습니다. 이런 경우가 대부분일 겁니다.

신호 공부에 대한 스트레스를 느낀다.
반복 행동 스마트폰을 사용한다.
보상 스트레스가 풀린다.

공부에 대한 스트레스가 심하기 때문에 이런 때 스마트폰을 쓰고 싶을 수 있습니다. 그렇다면 나는 스마트폰을 없애는 대신 나의 스트레스를 달래는 다른 방법을 생각할 수 있습니다. 스트레스를 반드시 스마트폰으로만 풀 수 있는 것이 아닙니다. 스트레스를 풀기 위해서 다른 활동을 하면 됩니다. 중독의 요소가 적은 신책, 운동, 영화 관람 등을 통해서 스트레스를 풀 수 있다면 스마트폰에서 점점 벗어날 겁니다. 다른 사람들과의 관계 때문에 SNS에 주로 빠져 있다면 친구들을 주기적으로 직접 만나는 식으로 스마트폰 중독에서 벗어날 수 있습니다.

다만, 습관 형성은 단기간에 되는 것이 아닙니다. 나의 습관을 분석한 뒤에 습관을 개선하기 위한 설계를 한 뒤에도 꾸준한 노력의 과정이 필요합니다. 그때 필요한 것이 긍정적인 마음입니다. 지금보다 나는 더 나은 사람이 될 수 있다는 마음으로 꾸준히 노력해야 합니다. 단번에 금연을 하고, 금주를 하고, 살을 빼는 사람은 거의 없습니다. 다들 고생 끝에 자신이 원하는 바를 이룹니다. 한두 번의 실패에 굴하지 말고, 꾸준하게 나쁜 습관을 없애고 공부에 도움이 되는 좋은 습관들을 만들면 나의 하루가 나아지고, 이 하루가 모이면 나의 미래는 생각보다 훨씬 더 멋진 모습으로 바뀔 겁니다. 이 사실을 믿고 오늘도 노력해 봅시다.

진짜 공부의 7단계	
1단계	할 수 있다는 믿음을 바탕으로 생각이 변해야 한다.
2단계	진로를 기본으로 나만의 공부의 목적을 정해야 한다.
3단계	공부를 위한 최적의 환경을 만들어야 한다.
4단계	실패를 겁내지 말고 GRIT의 정신으로 공부해야 한다.
5단계	좋은 습관을 만들고, 나쁜 습관을 없애기 위해서 노력한다.
6단계	
7단계	

몰입력을 기르기

몰입으로
마무리하기

현대 사회는 여러 면에서 우리 눈앞의 일이나 공부에 집중하기 어렵습니다. 일단 손 닿는 거리에 놓여 있는 스마트폰이 심각하게 우리의 주의력을 빼앗아갑니다. 스마트폰과 인류의 스마트한 동행은 아직 거리가 멀어 보입니다. 저 또한 다양한 용도로 스마트폰을 오랜 시간 사용하지만, 여전히 글을 쓰는 것과 같은 집중력이 필요한 일을 할 때 스마트폰이 집중력을 분산시키는 것을 체감합니다. 그리고 우리는 이제 한 번에 한 가지 일을 할 수 없는 시대를 살고 있습니다. 특히 컴퓨터나 스마트폰을 사용하면 멀티태스킹이 자연스럽게 일어납니다. 최신의 뉴스를 검색하면서 유튜브의 알고리즘이 추천하는 영상을 확인합니다. 동시에 친구에게서 온 카톡에 답장을 하고, SNS로 친구들의 근황을 살펴봅니다. 현대 사회를 살아가는 우리들의 스마트폰에서 일어나는 일입니다. 그리고 주변을 한 번만 둘러보면 눈으로 귀로 수많은 광고가 들어옵니다. 버스 정류장에도, 지나가는 택시, 버스에도 광고가 걸려 있고, 라디오를 켜도 10분마다 한 번씩 광고가 들립니다. 결정적으로 우리는 정보가 넘쳐나는 시대에 살고 있다 보니 기본적으로 의사결정을 하기 위해서 우리의 정신력을 지나치게 소비합니다. 점심 메뉴를 고를 때에도 맛집을 검색하고, 신발 하나를 사더라도 쇼핑몰의 가격을 비교하고 리뷰들을 검토합니다. 결정 하나하나에 집중력을 많이 소비합니다.

그래서 우리는 정작 눈앞에 있는 과제를 수행할 충분한 집중력이 없습니다. 생각을 모으고, 글을 쓰고, 공부를 하는 일이 점점 어려워집니다. 하지만 우리 사회에서 요구하는 성취를 위해서는 여전히 강한 집중력이 필요합니다. 시험 준비를 위해 집중해서 공부를 해야 합니다. 인생에서 필요한 학습을 할 때마다 우리는 집중해야 합니다. 그렇기에 몰입의 기술은 인생에서 원하는 성취를 하기 위해서 반드시 익혀야 합니다.

집중력이 분산되고 있는 시대에 몰입은 필수입니다. 미하이 칙센트미하이 교수는 평생 몰입에 대해서 연구를 한 학자로『몰입의 즐거움』이라는 자신의 저서를 통해서 몰입의 중요성을 세계적으로 알렸습니다. 그가 말하는 몰입은 인생의 행복과 닿아 있습니다. 편안한 침대에 누워 있을 때 느끼는 행복감은 외부 상황에 대한 의존도가 높아서 지속되기 어렵습니다. 미하이 칙센트미하이 교수는 몰입 후의 행복감은 스스로의 힘으로 만든 것이기 때문에 우리의 의식을 고양시키고 성숙시킨다고 말합니다. 우리 인생의 대부분의 시간을 보내는 일도 몰입해서 해결하면 과정에서 즐거움을 느낄 수 있습니다. 몰입을 위해서는 실력이 높은 상태에서 자신의 실력에 부합하는 높은 수준의 과제를 부여받아야 합니다. 이는 아래의 그래프와 같이 표현할 수 있습니다.

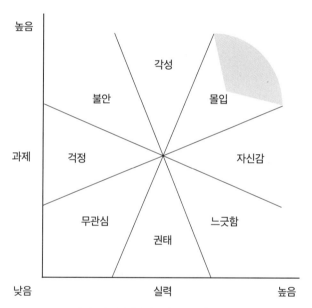

출처 : 마시미니와 카를리(1988) 참고, 착센트미하이(1990)

습관을 넘어
몰입으로

미하이 칙센트미하이 교수에게 몰입은 삶에 대한 고민이었습니다. 여러분은 언제 살아 있음을 느끼나요? 우리 인생의 많은 부분은 미래를 위한 준비로 이루어집니다. 학창 시절에는 대입을 준비하고, 대학교 입학 이후에는 취업을 준비해야 합니다. 취업을 해도 내가 원하는 판타지 같은 세상은 펼쳐지지 않습니다. 커리어를 쌓기 위해서 매일 같이 노력해야 합니다. 이런 삶이 고달프게 느껴지기 때문에 워라밸이 발달하고 여가의 개념이 더욱 유행합니다. 평일의 고달픔을 주말에 쉬면서 풀고, 1년 중 휴가를 가장 기다리면서 사는 삶은 현대 사회에서 일반적인 삶의 형태입니다. 그러면 일하거나 공부하는 시간은 참아야 하는 인내의 시간이고, 여가를 즐길 때가 진정한 삶인가요? 이 부분을 미하이 칙센트미하이 교수는 고민한 겁니다.

그가 말하는 몰입은 개인이 수행하는 활동에 완전히 몰두하고 흥미롭게 느끼는 상태를 의미합니다. 이 상태에서는 시간이 무척 빠르게 흐르며, 개인의 능력과 도전 수준이 균형을 이룹니다. 우리도 일상에서 '몰입'이라고 부를 수 있는 것을 경험합니다. 스포츠, 예술 분야에서는 이런 경험을 조금 더 쉽게 할 수 있습니다. 시간이 가는 줄 모르고 축구를 한다든가, 아침부터 그림을 그리기 시작했는데 정신을 차려보니 어느덧 저녁 시간이 되는 식이 몰입의 경험입니다.

몰입의 감정은 살아있음을 느끼게 합니다. 숨이 차도록 뛰면서 축구를 할 때, 여러분이 좋아하는 일에 흠뻑 빠져 있는 순간에 여러분은 살아있음을 느낄 수 있습니다. 그리고 이 감정은 개인의 즐거움, 만족감과 연결된다는 것이 미하이 칙센트미하이 교수의 주장입니다. 일이나 공부는 고통스럽고, 쉬거나 놀아야만 즐겁다는 통념에 반대되는 개념입니다. 하지만 몰입이 즐거움으로 이어질 수 있다는 것은 충분히 공감할 수 있는 개념입니다.

세계적으로 성공한 사람들의 경우 쉼 없이 일하는 이들이 많습니다. 인류 중에서 가장 부자가 되기도 했던 테슬라의 CEO 일론 머스크는 다른 어떤 이들보다도 일을 많이 하는 것으로 유명합니다. 그의 인터뷰 영상을 유튜브에서 찾아보면 워라밸이라는 개념 자체를 파괴하라고 말합니다. 세계에서 가장 성공한 사람조차도 일을 많이 하고 있습니다. 그는 왜 일을 하는 것일까요? 그는 테슬라에서 전기차를 발전시키고, 자율주행을 완성하기 위해서, 스페이스X 프로젝트를 통해 인류를 화성으로 이주시키기 위해서 몰입하고 있음이 분명합니다.

몰입이 되면 일과 여가의 구분이 없어집니다. 일을 하면서도 즐거움, 만족감을 느낍니다. 그래서 계속 일을 하게 됩니다. 원래도 실력이나 기술이 탁월한 이들이 하루 종일 일을 하니 남들과는 격차가 더 벌어져서 초격차가 만들어지게 됩니다. 평균적인 수준의 기술을 가진 사람들이 워라밸을 따지면서 일했을 때와는 비교도 할 수 없는 초격차가 만들어지는 겁니다.

학교 현장에서도 몰입을 통한 초격차의 현장이 목격됩니다. 쉬는 시간 풍경을 살펴봅시다. 최상위권 아이들은 쉬는 시간 종이 쳐도 움직이지 않고 자리에서 문제를 풉니다. 수학 문제를 푸는 장면이 자주 목격됩니다. 영단어 암기와 같은 기계적인 작업보다는 수학 문제가 몰입에 유리합니다. 수학 실력이 높은 상태에서 도전할 만한 수준의 문제를 풀면 몰입이 시작됩니다. 자신의 역량을 동원해서 정답을 도출하는 과정에서 시간은 빠르게 흘러갑니다. 꼭 쉬지 않아도, 놀지 않아도 문제를 풀면서 나만의 시간에 빠집니다. 최상위권 학생은 몰입을 통해 아름의 즐거움, 만족감을 느끼고 있을 겁니다. 몰입의 경지에 이르지 못한 대다수의 학생들에게 쉬는 시간은 말 그대로 휴식을 취하는 시간입니다. 쉬는 것에는 아무런 죄가 없습니다. 하지만 쉬는 시간은 7교시 기준으로 6번 발생합니다. 하루에 1시간, 한 달이면 30시간, 1년이면 360시간, 3년이면 1080시간이 쉬는 시간입니다. 몰입된 학생이 원래도 실력이 뻬어났는데, 1천 시간의 몰입된 쉬는 시간을 비롯해서 수천 시간의 몰입 경험을 통해서 초격차를 벌리며 앞서가게 됩니다. 입시는 철저한 상대평가이기 때문에 몰입된 학생들을 몰입되지 않은 학생이 이길 수 있는 길이 없습니다. 공부로 성공하고자 한다면 수단과 방법을 가리지 말고 실력을 높여야 하고, 몰입으로 정점을 찍어야 합니다.

하나에
집중하라

저는 주로 카페에서 일을 합니다. 카페에서 일하다 보면 정말 다양한 공부 모습을 보게 됩니다. 제가 본 공부하는 모습 중에 제일 기이하고 안타까운 장면을 소개하고자 합니다. 한 학생이 그야말로 하루 종일 카페에서 공부를 하는 겁니다. 어린 학생이 참 열심히 공부한다 싶어서 관심이 생겼습니다. 노트북으로 영상을 보면서 귀에 이어폰을 꽂고 노트에 가득 필기를 하고 있습니다. 무슨 공부를 하는지 궁금해서 노트북 화면을 봤는데 기절하는 줄 알았습니다. 영상은 다름 아닌 예능 프로그램이었습니다. 이 학생의 노트를 보면 수능 공부를 하고 있는데, 노트북으로는 예능 프로그램을 틀어 놓고 슬쩍슬쩍 보면서 공부를 하고 있었습니다. 이 마음이 이해는 됩니다. 공부는 힘드니까 예능물을 보면서 힘든 마음을 달래며 공부를 하겠다는 의지겠죠. 그런데 이렇게 공부하면 절대로 원하는 것을 얻을 수 없습니다. 이렇게 할 바에는 공부를 2시간 정도 바짝 하고 나서 마음 놓고 잠시 쉬면서 예능을 보아야 합니다. 한 번에 하나에 집중하는 연습을 해야 합니다.

한 번에 여러 가지 일을 동시에 하는 것을 멀티태스킹이라고 합니다. 이미 많은 연구에서 멀티태스킹의 허상에 대해서 밝혀냈습니다. 인간이 동시에 여러 작업을 처리하는 것은 주의를 분산시키고 작업 간에 전환하는 데 시간과 노력이 소요되기 때문에 작업 효율성이 감소합니다. 안데르스 한센의 저서인 『인스타 브레인』에서는 스탠퍼드대학교 연구자들의 연구를 인용합니다. 300명의 참여자 중 절반은 공부하면서 동시에 인터넷 서핑을 했고, 나머지 절반은 과제를 하나씩 수행했습니다. 멀티태스킹을 한 집단의 집중력이 훨씬 더 낮았습니다. 이것저것 신경을 쓰느라 제대로 집중하지 못한 겁니다. 우리는 한 번에 하나씩만 집중할 수 있습니다.

이 사실을 알면서도 우리는 멀티태스킹을 할 수밖에 없는 환경을 스스로 만듭니다. 지금 책상에 스마트폰이 놓여 있다면 이는 곧 멀티태스킹으로 이어질 겁니다. 스마트폰에 알림 설정을 했나요? 이제 곧 스마트폰이 밝아지면서 알림이 뜰 겁니다. 문자도 오고, 메일도 오고, 쇼핑 알림도 오고, 광고도 밀려 들어올 겁니다. 이 모든 것들이 내가 해야 할 일과 스마트폰 사이의 멀티태스킹을 만듭니다.

인터넷에 접속하는 것도 마찬가지입니다. 인터넷 강의를 듣기 위해서 인터넷이 필요하다고 생각하나요? 아닙니다. 미리 다운을 받아서 오프라인 환경에서도 강의를 들을 수 있습니다. 인터넷에 접속하는 순간 머릿속의 집중력은 흩어집니다. 네이버의 새로운 기사들이 눈에 들어오고, 자극적인 기사들의 제목들이 나의 집중력을 빼앗아 갑니다. 물건들의 광고도 눈에 들어옵니다. 살 필요가 없던 물건들도 장바구니에 넣었다 뺐다를 반복하면서 어느덧 나는 멀티태스킹을 하고 있습니다.

『인스타 브레인』에서는 무서운 실험 결과를 제시합니다. 대학생 500명을 대상으로 기억력, 집중력 테스트를 했는데 휴대전화를 무음으로 해서 주머니에 넣는 것만으로도 집중력이 떨어지는 결과를 가져온 것입니다. 스마트폰은 내 근처에 있는 것만으로도 나의 집중력을 방해합니다. 이해가 되는 결과입니다. 새로운 알림이 오지는 않았을지, 나의 인스타그램 게시물에 누군가 좋아요를 누르지는 않았을지 궁금해지는 겁니다.

본격적인 몰입을 시도하기 전에 내가 하나에만 집중할 수 있는 환경을 먼저 만들어야 합니다. 대표적으로 공부할 때는 스마트폰을 꺼서 가방에 넣거나 다른 방에 두기 바랍니다. 지금 공부하는 곳에 노트북이나 컴퓨터가 있다면 이런 것들도 눈에 안 보이도록 치우는 것이 좋습니다. 공부밖에 할 수 없는 곳에서 공부가 잘됩니다. 이는 많은 연구결과가 증명한 사실입니다.

진짜 공부의 7단계	
1단계	할 수 있다는 믿음을 바탕으로 생각이 변해야 한다.
2단계	진로를 기본으로 나만의 공부의 목적을 정해야 한다.
3단계	공부를 위한 최적의 환경을 만들어야 한다.
4단계	실패를 겁내지 말고 GRIT의 정신으로 공부해야 한다.
5단계	좋은 습관을 만들고, 나쁜 습관을 없애기 위해서 노력한다.
6단계	하나에 집중하고 몰입해서 공부한다.
7단계	

진짜 공부 7단계

진짜 인생으로 나아가기

진짜 공부에서
진짜 인생으로

　　　　　　1932년에 출간한 영국 작가 올더스 헉슬리의
『멋진 신세계』의 내용은 100년이 훌쩍 지난 지금 보아도 교훈이 충
분합니다. 이 소설 속 세상은 과학, 기술이 발전한 미래 사회입니다.
사람들은 태어날 때부터 계급과 역할이 결정되어 있습니다. 이 사회
에서 사람들은 불안한 감정, 스트레스, 갈등이 없습니다. 이 사회에
는 소마라고 불리는 국가가 허용한 일종의 마약이 등장합니다. 소마
를 복용하면 부정적인 감정과 갈등이 무감각해지고 쾌락과 안락을
느끼게 됩니다. 현실 세계에서 마약은 법으로 금지되어 있습니다. 하

지만 국가가 허락한 마약인 소마는 어떤가요? 소마를 복용하면 부정적인 감정은 사라지고 쾌락과 편안함이 찾아옵니다. 게다가 개개인이 편안해지면 사회적인 안정도 찾아옵니다. 그렇다면 개인이 소마를 복용하는 것에는 어떤 잘못도 없는 걸까요? 여러분의 생각은 어떠신가요? 약간의 비약을 하자면 여러분에게 쾌락을 부여해주는 게임, 스마트폰은 현대판 소마라고 볼 수도 있습니다. 세상의 고통을 잊고 즐거움의 세상으로 안내하는 소마를 복용하는 것에는 어떤 문제가 있나요?

개인에 따라서는 소마를 평생 복용하면서 살고 싶은 이들도 있을 겁니다. 하지만 소마에 의존한 삶의 가장 큰 문제는 개인이 원하는 바를 추구하는 인생이 아니라는 점입니다. 자신의 삶은 자신의 목표를 추구하면서 주체적으로 살 때 의미가 있습니다. 현대 사회가 '자유'를 얻기 위해 투쟁하면서 발달한 이유도 인간에게는 자유가 가장 중요하다는 것을 증명합니다. 소마를 복용하는 것은 개인의 자유를 바탕으로 한 선택이 아닙니다. 태어날 때부터 국가가 만들어 놓은 환경 속에서 소마를 선택하는 것은 개인의 선택이라기보다는 국가가 원하는 삶을 개인이 사는 겁니다. 소마는 사회의 안정과 평화라는 국가의 목적을 달성하기 위해서 개발된 것입니다. 소마 복용을 거부하는 것이 개인의 진짜 인생의 시작입니다.

자신에 대해서 관심을 가지면서 원하는 것을 찾는 과정은 공부만을 위한 것이 아닙니다. 이것은 진짜 인생을 위한 겁니다. 진짜 인생은 뭘까요? 돈을 많이 벌면 행복할까요? 다수의 연구에서 돈과 행복의 상관관계에 대해 밝혔습니다. 일정 수준 이상 돈을 벌면 추가적인 돈이 행복에 큰 영향을 미치지 않는다는 결과가 다수 존재합니다. 그중 하나가 '행복의 경계선'이라는 개념입니다. 100억을 번 사람이 10억을 번 사람보다 10배 행복하지 않다는 의미입니다. 1만 원짜리 밥을 먹을 때보다 10만 원짜리 밥을 먹을 때 10배 더 행복할까요? 3천만 원짜리 차를 탈 때보다 3억짜리 차를 탈 때 10배 더 행복할까요? 얼핏 상상을 해보면 처음에는 행복할 것 같기도 합니다. 하지만 익숙해지면 밥은 생존을 위한 것이고, 차는 이동 수단이 됩니다. 사람들의 사는 모습은 다 비슷해집니다.

진짜 인생은 자신이 원하는 것을 명확하게 알고, 그것을 추구하는 삶입니다. 자본주의에서 돈은 중요하고, 사회에서 존경과 명예를 얻는다는 것은 의미 있을 수 있지만 모두가 그것을 좇을 이유는 없습니다. 행복은 굉장히 주관적인 개념입니다. 떡볶이를 먹으면서도 진짜 행복하다고 느낄 때가 있을 겁니다. 행복은 자신이 정한 원하는 바를 달성하는 것에서 비롯됩니다.

〈무한도전〉을 연출한 우리나라를 대표하는 김태호 PD의 하루를 유튜브 〈공부왕찐천재홍진경〉 채널에서 영상으로 제작한 적이 있습니다. 영상을 보면 김태호 PD는 10시쯤 출근을 합니다. 그리고 바로 11시에 시작된 회의 릴레이는 저녁 7시까지 이어집니다. 프로그램 회의, PPL 회의 등 각종 회의가 아침부터 저녁 늦게까지 이어지는 것입니다. 중간에 밥을 먹을 시간이 아까운지 그는 점심 시간에도 자리에서 떠먹는 요구르트와 견과류를 좀 먹더니 또 회의를 합니다. 그리고 밤에는 편집실로 가서 편집을 해야 한다고 합니다. 그는 하루 종일 일을 하는 겁니다. 워라밸(일과 여가의 균형)을 중시하는 한 직원에게 하루 종일 김태호 PD처럼 일하라고 하면 아마 얼마 지나지 않아 퇴사를 할 겁니다. 웬만한 사람들에게 하루 종일 일을 하라고 하는 것은 가혹한 일입니다. 김태호 PD에게 물었습니다. "당신을 이렇게 하루 종일 일하도록 만드는 원동력이 무엇인가요?" 그는 말합니다. "좋아서 하는 일입니다." 그는 회의가 즐겁다고 말했습니다. 그는 자신의 일을 즐기고 있었습니다. 신체적으로는 당연히 피로하겠지만 그는 저녁까지도 지치는 모습을 보이지 않았습니다.

김태호 PD는 자신이 원하는 것을 명확하게 찾았습니다. 그래서 그는 하루 종일 자신이 좋아하는 것을 하면서 시간을 보냅니다. 점심을 제대로 먹지 않아도, 골프를 치지 않아도, 유튜브를 보면서 낄낄대지 않아도 그의 하루는 충분히 재미가 있습니다. 자신이 원하는 삶을 살고 있기 때문입니다. 진짜 인생을 원한다면 지금부터 여러분들이 좋아하는 것을 찾기 시작해야 합니다.

프랑스의 철학자, 소설가, 극작가인 장 폴 사르트르는 실존주의 학파의 중요한 인물입니다. 실존주의를 쉽게 바라보자면, 인간은 먼저 존재하고 그다음에 본질을 찾아 나가는 존재라는 겁니다. 인간이 아닌 의자를 생각해 봅시다. 의자는 만들어질 때부터 앉기 위한 목적을 갖고 만든 겁니다. 그래서 의자는 본질이 정해져 있습니다. 누군가 앉기 위한 것이 의자가 탄생한 목적입니다. 인간은 어떠한가요? 일단 세상에 태어나는 순간 존재가 시작됩니다. 하지만 어떤 목적을 갖고 태어났는지가 정해져 있지 않습니다. 모든 인간은 공부를 열심히 해서 원하는 대학에 들어가고 좋은 직장 얻어서 결혼하고 애 낳고 살아야 할까요? 그렇지 않습니다. 다들 각자가 원하는 방식으로 살아도 됩니다. 인간에게는 사실 엄청난 자유가 주어져 있습니다. 대한민국에서 태어나서 학창시절을 보내는 학생들은 공부라는 틀에 갇혀서 굉장히 선택의 폭이 좁고 다람쥐 쳇바퀴처럼 하루하루를 반복적으로 산다고 생각할 겁니다. 일부 공감을 합니다. 하지만 여러분들이 먹고 자는 시간을 제외한 하루 15시간가량을 무엇을 하면서 어떻게 보낼지는 미리 정해진 바가 없고, 여러분들의 의지대로 선택할 수 있습니다. 이를 사르트르는 '인간은 태어나면서 자유를 선고받았다'라고 그의 저서 『존재와 시간』에서 말한 바 있습니다. 인간은 태어난 순간 엄청난 자유가 부여되고 이 자유를 통해서 스스로 인생의 의미를 찾아 나가야 하는 존재라고 그는 주장합니다.

공부를 열심히 하다가, 일을 열심히 하다가 문득 내가 왜 이렇게 살아야 하나 고민이 생긴다면 굉장히 자연스러운 겁니다. 사회적 상황 때문에 고통스럽게 공부하고 일을 하고 있는데 이것이 사실 의무는 아니기 때문에 스스로 고민이 생기는 겁니다. 공부를 포기하고 안 해도 법에 저촉되거나 부도덕한 일을 저지르는 것은 아닙니다. 나에게는 그럴 수 있는 자유가 있습니다. 하지만 자유에는 책임이 따릅니다. 그래서 고민되는 겁니다. 공부나 일을 게을리하면 분명히 발전이 더딜 것이고 원하는 것을 얻지 못할 가능성이 높습니다. 그러면 공부를 해야 할까요? 안 해야 할까요? 한다면 얼마나 열심히 해야 할까요? 이걸 아무도 답해줄 수 없습니다. 나만이 답을 해야 합니다.

보편적으로 일을 안 하고 여가를 즐기는 것이 행복과 닿아 있다고 생각하지만 이것은 절대로 사실이 아닙니다. 그것은 살아가는 하나의 방식일 뿐입니다. 자신의 인생의 본질을 찾아가는 과정에서 일이 반드시 필요하다고 생각하는 사람들은 일을 아무리 많이 해도 지치지 않고 나름 즐겁게 일만 하면서 살아갑니다.

중요한 것은 여러분 자신입니다. 어떤 삶의 방식도 참고가 될 뿐입니다. 여러분이 존재하는 이유는 여러분만이 생각해낼 수 있습니다. 아무 생각 없이 학교-학원을 오가면서 공부하는 것을 멈추어야 합니다. 그것마저도 당연한 것이 아닙니다. 그냥 사회적인 분위기 때문에, 부모님 때문에, 학생이라면 당연히 공부를 해야 하니까 공부를 하고 있다면, 그런 공부는 가짜 공부입니다. 진짜 공부는 나로부터 시작됩니다. 내가 원하는 것이 있기에 그것을 위해서 공부하는 겁니다. 진짜 공부는 가짜 공부보다 훨씬 더 적극적이고 뜨거운 겁니다. 그리고 진짜 공부를 하는 사람은 굳이 놀 필요가 없습니다. 하루 종일 일하는 김태호 PD처럼 말입니다.

그리고 이런 진짜 공부를 하는 학생을 가짜 공부를 하는 학생은 절대로 이기지 못합니다. 김태호 PD에게는 천부적인 재능도 있었겠지만, 그는 하루 종일 회의하고 일을 하고 있습니다. 그렇게 즐기면서 하루 종일 일하는 김태호 PD를 능가하는 사람을 찾기는 쉽지 않을 것 같습니다. 그가 최고인 이유가 있습니다.

어떻게
살 것인가?

우리는 태어난 이상 살아야 합니다. 세상의 어

떤 누구도 자신이 선택해서 태어나지 않았습니다. 우연히 운명적으로 세상에 나오게 되었습니다. 대한민국에서 태어난 우리는 우리 사회의 법과 규범을 준수하면서 하루하루 부지런히 살아가고 있습니다. 대한민국은 전 연령대의 사람들이 정말 개미처럼 열심히 살아갑니다.

저는 새벽 5시에 일어나서 하루를 시작하는 편입니다. 차 막히는 것이 싫어서 보통 새벽 6~7시 사이에 이동을 마치려고 노력합니다. 어떤 날에는 지방 강연을 위해서 새벽 5~6시 근처에 기차역에 도착하기도 합니다. 새벽에 거리로 나가 보면 생각보다 사람들이 많아서 놀라게 됩니다. 모두가 잠들어 있을 거라고 생각하는 시간에도 거리에는 일을 시작한 사람들이 있습니다. 사람들은 참 부지런합니다.

이렇게 일찍 하루를 시작해서 밤늦게 하루를 마치는 우리는 지금 잘 살고 있는 것일까요? 잘 산다는 것은 자신이 원하는 삶을 사는 것을 말할 겁니다. 여러분들은 여러분들이 원하는 삶을 살고 있나요? 학생이라면 아직 나이가 어려서 내 맘대로 할 수 있는 것이 없다고 생각할 수 있습니다. 하고 싶지 않은 공부를 대입을 위해서 억지로 한다고 느낄 수 있습니다. 그러면 원하는 대학에 합격하면 원하는 것이 기다리고 있을까요? 대학에 입학한 이후에는 앞으로 해야 할 '일'에 대해서 고민이 시작될 겁니다. 물론 이때도 사람들이 선망하는 직종들이 있습니다. 신의 직장이라고 불리는 급여가 높고, 복지가 잘 갖춰져 있고 워라밸이 보장되는 그런 직장들이 있습니다. 주로 공기업들이 업무 강도가 낮고 급여가 높아서 신의 직장으로 분류됩니다. 그렇다면 대학에서 취업 준비를 야무지게 해서 신의 직장에 입사하고 나면 내 인생은 성공인 걸까요? 직장에 입사한 이후에도 일을 해야 합니다. 그리고 그 일을 하다 보면 또다시 스스로에게 질문하게 됩니다. 나는 내가 원하는 일을 하고 있는가?

젊은 층에서는 파이어족을 꿈꾸는 이들이 있습니다. 파이어족은 젊은 시절에 남들보다 열심히 일하고, 재테크에도 힘을 쏟아서 빠르면 30대, 늦어도 40대에는 일로부터 은퇴하고 경제적 자유를 누리는 것을 목표로 하는 사람들을 말합니다. Financial Independence Retire Early(재정적으로 독립하고 빠르게 은퇴하기)의 약자로서 Fire족이라고 부르지만, 우리말로도 불꽃처럼 일하고 은퇴를 꿈꾸는 모습이 fire라는 의미와 닿아 있는 것 같습니다. 불꽃처럼 일해서 경제적인 부를 축적하고 40대에 은퇴를 하면 어떨까요? 생각만 해도 두근거리나요? 그 삶은 정말 만족도 100%의 삶일까요? 그러면 40대부터 100세까지 약 60년간 무엇을 해야 할까요? 은퇴했으니까 처음에는 좀 쉬고 놀아야 할 겁니다. 남들이 일하는 낮에 쇼핑도 하고, 운동도 하고, 여행도 하면서 지낼 겁니다. 하지만 그렇게 60년을 지낼 수는 없습니다. 60년은 너무나도 긴 시간이기 때문입니다. 무언가를 하면서 시간을 보내야 합니다. 그리고 이때 할 일은 내가 원하는 일이어야 할 겁니다. 파이어족까지 되었는데 억지로 일을 할 필요가 없습니다. 내가 원하는 일을 하면서 남은 시간을 보내야 합니다. 그렇다면 결국 내가 원하는 일이 무엇인지를 알아야 합니다.

직장을 다니든, 파이어족이 되든, 자영업을 하든 우리는 우리가 원하는 것을 알아야 합니다. 원하는 삶을 살아야 삶이 만족스러운데 내가 원하는 것을 모른다면 내 삶은 영원히 만족스럽지 않을 것이기 때문입니다. 우리는 살다 보면 주변에서 중요시하는 가치를 마치 내 것처럼 받아들이게 됩니다. 학창 시절에는 남들보다 공부를 잘해서 좋은 대학에 가야 하고, 좋은 대학에 가서는 신의 직장을 얻기 위해서 노력을 해야 한다고 생각합니다. 신의 직장을 얻은 다음에는 무엇을 해야 할까요? 아마 결혼을 하고 자녀를 낳아야 한다고 생각할 겁니다. 그리고 그 자녀는 공부를 아주 잘해야 한다고 생각할 수 있습니다. 이 모든 생각은 내 머리에서 나온 생각이 아닙니다. 사람들이 선호하는 가치들의 집합에 불과합니다. 모두가 이런 삶을 살 수도 없고, 살 필요도 없습니다. 사람마다 자신이 원하는 것이 다를 수밖에 없습니다. 자신이 원하는 것은 자신만이 알 수 있습니다.

어떻게 살고 싶은지 자신에게 계속해서 물어야 합니다. 내가 원하는 것을 달성하기 위해서 공부가 필요할 때 진짜 공부가 시작될 겁니다. 다른 사람들의 생각, 가치를 따라가서는 절대로 진짜 공부를 시작할 수 없고, 내가 원하는 삶을 살기 어렵습니다.

워라밸이라는
환상

워라밸Work-Life Balance이라는 말이 어느 순간 대중적인 개념이 되었습니다. 워라밸은 일과 여가의 균형을 의미합니다. 워라밸이 좋다는 말은 일하는 만큼 여가도 충분히 보장되는 것을 일반적으로 의미합니다. 그런데 생각해 보면 워라밸은 굉장히 편향된 표현입니다. Work는 일을 뜻합니다. 그러면 Life는 무엇인가요? 그대로 해석하면 삶, 인생을 의미합니다. 그런데 우리가 일반적으로 말하는 워라밸은 일과 여가의 균형을 맞추는 것을 말합니다. 일을 적당히 하면 적당히 쉬고 놀아야 한다는 개념입니다. 그러면 Life에 해당하는 것은 여가, 휴식을 의미하게 됩니다. 이 지점이 상당히 이상합니다. 일work과 휴식rest의 균형이라든가 일work과 여가생활leisure의 균형, 일work과 취미활동hobby의 균형이라고 말하면 납득이 됩니다. 인생에서 적당한 휴식, 여가생활, 취미활동은 중요하기 때문입니다. 하지만 일과 삶을 분리하는 것은 일은 삶이 아니라는 의미입니다. 우리는 태어나서 평생 일을 하는데 그 일이 인생이 아니란 말인가요? 일단 워라밸에 반박 자료로 포브스 선정 2023년 기준 세계 부자 순위를 제시합니다. 경제매거진 포브스에서는 매년 부자 순위를 산정합니다. 2023년 기준으로 세계 부자 순위 10위에 든 이들 중에서 여가만 즐기고 있는 사람은 단 한 명도 없습니다. 이들은 모두 기업을 운영하면서 '일'을 하고 있습니다. 몇백 조에 달하는 재산들을 갖고 있기 때문에 우리와는 생활 수준이 다르겠지만 어쨌든 이들이 평생 놀고 먹어도 될 정도의 부를 갖고도 놀지 않는다는 사실에 주목해야 합니다. 세상에서 가장 일을 할 필요가 없는 사람들은 왜 모조리 일을 하고 있을까요?

순위	이름	직함
1	베르나르 아르노 일가	LVMH 회장
2	일론 머스크	테슬라, 스페이스X, 트위터, 솔라시티 운영
3	제프 베이조스	아마존닷컴 이사회 의장

순위	이름	직함
4	래리 엘리슨	오라클 창업주
5	워런 버핏	버크셔 해서웨이 회장
6	빌 게이츠	마이크로소프트 공동창업주
7	카를로스 슬림	아메리카 모빌 명예회장
8	래리 페이지	구글 공동 창업주
9	스티브 발머	마이크로소프트 (전) CEO
10	무케시 암바니	릴라이언스 인더스트리 회장

출처: 포브스(Forbes)

워라밸이라는 개념에 비판 없이 익숙해지면 안 됩니다. 이 개념을 당연하게 받아들이는 학생들은 '일은 고통이고 쉬어야만 제대로 된 인생을 사는 것'이라고 착각할 수 있습니다. 그렇게 사는 삶의 방식도 있겠지만 그것은 하나의 경우에 불과합니다. 일을 피하려고만 하는 최근 우리 사회의 트렌드는 다시 생각해 볼 필요가 있습니다.

앞서 언급한 매슬로의 인간의 욕구 위계설에 따르면 인간이 추구할 수 있는 궁극적인 욕구는 자아실현의 욕구입니다. 개인이 자신의 잠재력을 완전히 발현하는 것보다 궁극의 욕구는 없을 거라고 생각합니다. 그렇다면 우리는 무엇으로 자아실현을 할 수 있을까요? 우리는 일을 해야만 자아실현을 할 수 있습니다. 일을 하면서 경험하고, 배우고, 성찰하고, 성장하면서 내 안의 가능성을 실현합니다. 어떤 분야에서 10년 이상 전문성을 쌓는다면 그 사람은 전문가가 되어서 자아실현을 했다고 볼 수 있을 겁니다. 반대로 일을 하지 않고 여가생활만 즐긴다면 자신의 진짜 잠재력을 확인하기는 어렵습니다.

성공한 이들은 대부분 워라밸의 개념이 없이 일만 하고 있습니다. 겉모습만 보면 그들의 삶은 일만 하느라 고통스러울 것 같지만 본인에게는 전혀 그렇게 느껴지지 않을 겁니다. 그들은 인간의 최상위 욕구인 자아실현의 욕구를 추구하고 있기 때문입니다.

앞서 언급한 테슬라의 CEO 일론 머스크는 워라밸이 없기로 유명합니다. 유튜브에서 그의 인터뷰 영상을 찾아보면 일주일 평균 120시간을 일하면서 주변의 누구보다 더 압도적으로 일을 많이 한다고 말합니다. 세계적인 부호인 그는 왜 워라밸도 없이 일을 하는 것일까요? 자신의 회사니까 주인의식이 있어서일까요? 절대로 아닐 겁니다. 그러면 더 출세하기 위해서일까요? 아닙니다. 그는 세계에서 가장 유명하고 능력을 인정받은 사람 중 한 명입니다. 그러면 도대체 왜 그는 쉬거나 휴양지로 떠나서 놀지 않는 걸까요? 이미 인간으로서 충족할 수 있는 대다수의 욕구를 충족한 그는 최상위 욕구인 자아실현을 위해서 자신의 잠재력을 끝까지 끌어내고 있는 과정에 있습니다.

그는 자신의 능력을 이용해서 인류에 이바지하고자 하는 강력한 목표를 갖고 있습니다. 그는 인류가 장기적으로 지구에 종속되는 것은 지속 가능하지 않다고 믿고 있습니다. 그래서 그는 2002년 스페이스X 프로젝트를 시작한 이후 혁신적인 우주 비행 시스템을 개발해서 상업 우주여행을 실현하는 것을 목표로 하고 있습니다. 이 프로젝트는 다양한 사업을 포함하고 있지만 궁극적으로는 인류가 지구가 아닌 다른 행성에서도 살 수 있는 기반을 만들고자 하는 목표를 갖고 있습니다. 이 쉽지 않은 프로젝트를 수행하는 과정에서 일론 머스크는 자신의 잠재력을 극한까지 끌어낼 겁니다. 인류에 이바지하는 거대한 목표를 수행하면서 자아를 실현하는 과정 중에 있는 그에게 휴식이나 여행, 여가생활은 큰 의미가 없을 겁니다.

다수의 성공한 이들은 일에 대해서 고민합니다. 열심히 일하다 보면 일의 목적에 대해서 자연스럽게 고민하게 됩니다. 자신이 하고 있는 일의 궁극적인 목표를 찾는 순간 워라밸이라는 개념은 완전히 사라지게 됩니다. 적당한 휴식과 여가생활은 하겠지만 워라밸을 추구하면서 일한 시간만큼 반드시 쉬어야만 한다는 식의 사고는 사라지게 됩니다. 이것은 일을 피하지 않고, 어떤 일이든 내 것으로 만들면서 자신의 잠재력을 실현하고자 하는 이들이 공통적으로 겪는 과정입니다.

여러분이 공부를 하는 것도 자신의 잠재력을 끌어내는 과정입니다. 공부의 워라밸을 추구하기보다는 공부를 통해서 성장하겠다는 마음이 도움이 될 겁니다. 공부를 열심히 하다 보면 힘이 들 겁니다. 힘이 들 때는 궁극적인 목표를 생각해야 합니다. 내가 공부를 열심히 해서 자아를 실현하고, 탁월한 능력을 바탕으로 타인에게 도움이 될 수 있다면 가장 이상적입니다. 그런 마음으로 공부를 하면 건강하게 진짜 공부를 할 수 있습니다.

격차와
싸울 수 있는 힘

2023년 EBS에서 방영된 〈교육 격차〉 5부작은 많은 가정에 충격을 전했습니다. 1년 정도의 제작 기간을 거친 이 다큐멘터리는 우리 교육이 가진 뼈아픈 문제를 다루었습니다. 한 교실 안에서 소득불평등, 양극화가 고스란히 반영되는 겁니다. 그리고 이것이 정말 아이들이 어릴 때부터 교육에 영향을 준다는 겁니다. 이는 대한민국 사람이라면 모르는 바가 아닙니다. 다만 이를 제대로 영상으로 구현하니 생각보다 더 좌절스러웠던 겁니다. 교육 격차를 학교 안에서 해결하기 위한 노력이 없지는 않습니다. 사회취약층들을 위한 다양한 프로그램들과 제도들이 존재합니다. 하지만 그것이 소득의 격차를 상쇄할 만큼 효과가 없기 때문에 결국 결과에서 큰 차이가 발생하는 것이 현실입니다.

이 격차를 해결하기 위한 다양한 방안들이 제시되고 있습니다. 상위권 대학들을 하나로 묶어서 하나의 국립대처럼 만드는 방안, 수능을 자격고사처럼 만드는 방안, 대입은 쉽고 대학 졸업은 어렵게 만드는 방안 등 많은 방안이 이미 제시되어 있습니다. 문제는 이것을 실현하는 데에 많은 어려움이 따른다는 겁니다. 교육은 백년지대계라고 하지만 우리네 교육은 6개월마다 한 번씩은 큰 변화가 느껴질 정도로 자주 바뀝니다. 자녀를 둔 교육에 관심 있는 부모라면 굳이 실례를 들지 않더라도 공감하실 겁니다.

이 격차를 제도적으로 극복하기 위해서는 생각보다 긴 시간이 필요할 수 있습니다. 그것을 기다리기 이전에 이 책을 읽는 학생인 여러분들은 입시를 끝내게 될 겁니다. 지금 여러분들의 교실에서도 격차가 존재합니다. 같은 급식을 먹고 있어서 느껴지지 않겠지만 이 격차는 여러분들이 태어나는 순간 발생해서 지금도 존재하고 있습니다.

친구는 학원에 다니면서 비싼 교육을 받고, 나는 무료 강의를 이용해야 한다고 불평을 시작하고 있다면 나중에는 말도 안 되는 더 큰 격차에 좌절하게 될 겁니다. 저는 대한민국 대부분의 성인처럼 평생을 내 집 마련을 위해서 일했습니다. 하지만 누구는 부모가 집을, 아니 건물을 물려주기도 할 겁니다.

공부를 고통스럽게 하면서 그 속에서 의미를 찾아 나가는 과정은 격차와 싸울 수 있는 힘을 길러줍니다. 대한민국에서 이 격차를 극복하는 방법은 2가지라고 느껴집니다. 첫째는 수단과 방법을 가리지 않고 돈을 벌어서 나도 경제적 자유를 누리는 겁니다. 자영업을 하든, 투자를 하든, 어떤 수단을 써서라도 여러분들이 풍족하게 느낄 만큼의 경제적 자유를 달성하는 겁니다.

또 하나의 방법은 이 격차의 사다리에서 살짝 벗어나는 겁니다. 내가 원하는 것을 찾아서 그것을 추구하는 삶을 사는 겁니다. 앞서도 언급했지만 경제적 기반이 어느 정도 갖추어진 이후에는 부유함과 행복은 비례하지 않는다는 연구결과가 있습니다. 10억을 가진 사람보다 100억을 가진 사람이 10배 더 행복하고, 1천억을 가진 사람은 100배 더 행복한 식은 아니라는 겁니다. 그리고 세계적으로 성공해서 부를 축적한 사람들은 돈만을 좇고 있지 않습니다. 자신들의 원하는 바를 찾아서 쉼 없이 일하는 도중에 경제적인 부도 자연스럽게 축적이 되고 있습니다.

남들과 비교해서 더 부자가 되려는 그 시도는 허무할 수 있습니다. 어쩌면 시작부터 미션 임파서블일 수 있습니다. 우리는 아무리 부자가 되어도 세계적인 부자가 될 가능성은 희박하지 않을까요? 앞서 언급한 포브스에서 선정한 2023년 기준 부자 1등은 LVMH라는 세계적인 명품 브랜드들을 모조리 소유하고 있는 기업의 CEO인 베르나르 아르노 일가입니다. 재산은 2,110억 달러입니다. 2,110억 달러는 우리 돈으로 267조입니다. 세계 20위의 부자 순위에 대한민국 사람은 1명도 없습니다. 우리나라 최고 부자가 되어도 세계 최고의 부자가 되는 길은 요원합니다.

이런 미션 임파서블에 도전하기보다는 하루하루 내가 원하는 것을 위해서 고통스럽지만 의미 있고 힘있게 살아 보는 것은 어떨까요? 진짜 공부가 시작되고, 내가 원하는 것에 감이 잡히기 시작하면 더욱 열심히 살 수 있게 되고, 그러면 여러분들은 진짜 인생으로 다가가게 됩니다. 그때 느끼는 감정은 내가 세계 최고의 부자가 아니어도 충분히 나의 삶이 만족스럽게 느껴질 겁니다. 자신이 원하는 인생을 사는 진짜 인생은 충분히 그런 감정을 전해줍니다.

어떻게
죽을 것인가?

죽음은 멀리 있지 않습니다. 애플의 전 CEO 스티브 잡스는 2005년 스탠퍼드대학교 졸업식 축사에서 죽음은 최고의 발명이라는 말을 남겼습니다. 죽음을 인식하고 인간의 삶의 유한함을 깨닫는 순간 본질에 더 다가가는 삶을 살 수 있다는 의미입니다. 가끔 우리는 영원히 살 것처럼 하루를 살기도 합니다. 아무 생각

없이 하루를 살아갑니다. 특별한 노력을 하지도 않고 그저 먹고, 자면서 그렇게 하루를 보냅니다. 심심하면 스마트폰을 손에 쥐면 문제는 해결됩니다. SNS를 보면서, 짧은 영상들을 보면서 하루를 순식간에 흘려보낼 수 있습니다. 이런 하루가 모였을 때 과연 나의 삶의 마지막에 후회는 없는 것일까요?

2007년에 개봉한 영화 〈버킷리스트The Bucket List〉는 병원의 병실에서 영화가 시작합니다. 모건 프리먼과 잭 니콜슨은 할아버지 배우들입니다. 이들은 극 중에서 죽음이 다가오는 것을 알게 됩니다. 그리고 두 사람은 각자 자신의 버킷리스트에 적힌 일들을 하나씩 이루기로 결심합니다. 버킷리스트는 죽기 전에 하고 싶은 일들을 뜻합니다. 이 영화는 많은 이들에게 공감을 불러일으킵니다. 우리 모두는 죽음을 향해서 가고 있고, 이로 인해서 삶이 더 소중해지고, 더 본질에 가까운 가치를 깨닫기 때문입니다. 여러분의 버킷리스트는 무엇인가요? 사람마다 목록이 아주 다를 겁니다. 여러분의 버킷리스트를 떠올려 봅시다. 버킷리스트는 나를 알 수 있는 힌트를 줄 겁니다. 가령 세계에서 가장 무서운 롤러코스터를 타고 싶은 사람이 있다면 이 사람은 모험적인 경험을 원하는 사람입니다. 이 사람은 지금이라도 여행을 떠나고 모험을 시작해야 합니다. 그 경험이 자신의 삶을 훨씬 더 풍요롭게 만들 겁니다.

죽음의 순간에 어떤 생각을 하게 될까요? 저는 가끔 상상을 해봅니다. 정말 죽음이 가까이에 다가왔을 때 저는 이런 질문을 자신에게 해 볼 것 같습니다.

"나는 정말 내가 원하는 삶을 살았는가?"

"세상과 다른 사람들에게 휘둘리지 않고 나의 가치를 추구하면서 살았는가?"

"내 삶은 후회가 없는가?"

삶의 마지막에 후회가 많은 것은 가장 치명적일 거라고 생각합니다. 후회를 만회하기 위한 기회가 이제는 없기 때문입니다. 후회 가득한 마음을 안고 그대로 인상을 쓰면서 눈을 감아야 할 겁니다. 반대로 내가 원하는 일을 하면서 살았고, 내가 중요시하는 가치를 추구하면서 살았다면 마음 편하게 웃으면서 눈을 감을 수 있을 겁니다.

서양에는 '메멘토 모리Memento mori'라는 라틴어 문구가 있습니다. 우리말로는 '죽음을 기억하라' 정도로 번역이 됩니다. 이 문구의 기원과 의미에 대해서는 다양한 견해들이 있지만 우리 또한 죽음을 기억할 필요가 있습니다. 아주 젊은 날을 살아가고 있지만 동시에 우리는 죽음을 향해서 다가가고 있습니다. 이는 저에게는 2가지 의미로 해석이 됩니다.

내일이 없을 것처럼 오늘 최선을 다해야 한다.

내일은 없을 수도 있으니 겁내지 말고 도전해라.

무언가 새로운 일에 도전할 때 망설여지는 마음은 저에게도 있습니다. 큰 결정을 앞두고 누구나 고민하고 주저하게 됩니다. 그럴 때 저는 '메멘토 모리'를 떠올립니다. 죽음이라는 명확한 엔딩이 있고, 유한한 시간을 살아가고 있다면 저는 제가 더 원하는 삶을 살고 싶고 그 삶에 최선을 다하고 싶습니다.

트루먼 쇼는
시작되었다

1998년 개봉한 영화 〈트루먼 쇼〉에는 평범한 중산층 가정에서 자란 주인공 트루먼 버뱅크가 등장합니다. 지극히 평범하고 행복한 하루하루를 보내던 남자는 하늘에서 난데없이 방송용 조명이 떨어지는 것을 시작으로 이상한 사건들을 겪게 됩니다. 그리고 그는 마침내 알게 됩니다. 자신의 인생은 거대한 촬영 스튜디오에서 제작되고, 미국 전역에 실시간으로 방송되고 있는 방송 프로그램이었던 겁니다. 그는 영화 속에서 쇼의 제안자인 크리스토퍼와 맞서 싸우면서 진정한 자유를 향해서 나아갑니다.

영화의 주제와는 별개로 이 영화를 보면서 제가 느낀 점은 우리의 인생도 우리 스스로가 주인공인 하나의 쇼라는 점입니다. 태어나서부터 지금까지를 생각해 보면 내가 주인공인 드라마나 영화가 아닐 이유가 하나도 없습니다. 특이한 점은 여러분은 이 쇼의 주인공이자 각본가라는 점입니다. 이 쇼는 여러분이 원하는 대로 전개할 수 있습니다. 당장 이 책을 덮고 나서 무엇을 먹을지, 어떤 말을 할지, 무엇을 다음에 할지를 비롯해서 모든 것을 여러분이 정할 수 있습니다. 이 쇼에 대한 막대한 책임과 권한이 동시에 여러분에게 주어진 것입니다.

이 책을 통해서 여러 번 강조했지만 우리는 우리 인생에 대해서 엄청난 자유를 부여받았습니다. 때로는 부담스럽게 느껴질 정도입니다. 아주 사소한 점심 메뉴도 내가 결정하고 내가 책임을 지게 됩니다. 건강을 위해서 샐러드를 점심으로 선택한다면 여러분은 건강해질 겁니다. 돈가스를 선택한다면 솔직히 여러분은 살이 찌고 건강이 안 좋아질 수밖에 없습니다. 이런 선택이 반복되고 선택으로 인한 영향이 누적되면 이 선택은 인생에 어마어마한 영향을 미치게 될 겁니다.

시간 여행을 다룬 영화들은 이 사실을 아주 극적으로 보여줍니다. 1984년에 개봉한 영화 〈터미네이터〉는 AI 열풍과 함께 재조명되기도 했던 미국을 대표하는 SF영화입니다. 영화의 배경은 2029년입니다. 인류는 스카이넷이라는 인공지능 기반의 전쟁 시스템과 전쟁을 벌이고 있습니다. 인류는 존 코너라는 지도자를 중심으로 인공지능에 대항해서 싸우고 있습니다. 스카이넷은 여기서 기가 막힌 아이디어를 생각해냅니다. 현재의 존 코너를 죽이는 것이 아니라, 과거로 돌아가서 존 코너의 어머니인 사라 코너를 살해할 계획을 합니다. 현재 저항군의 수장인 존 코너를 없애는 것보다는 과거로 가서 여자인 그의 어머니를 죽이는 일이 훨씬 수월할 것이고 어머니가 죽으면 존 코너는 존재하지 않을 것이라는 생각을 한 겁니다. 이때 스카이넷이 과거로 보낸 사이보그형 로봇이 바로 터미네이터Terminator입니다. 학자들이 볼 때는 이 영화에서 다루는 시간의 관점은 과학적으로 약점이 있다고 합니다. 하지만 저를 포함한 대중들은 이 영화에 열광했습니다. 시간 여행을 다룬 영화가 더욱 흥미진진한 이유는 과거를 바꾸면 미래가 바뀐다는 설정 때문입니다. 그 점을 우리 모두가 공감합니다. 우리도 터미네이터처럼 과거로 돌아가서 바꾸고 싶은 과거가 있습니다. 많은 사람이 과거에 대한 후회를 안고 살고 있으니까요. 하지만 우리의 현재는 미래의 나의 과거입니다. 오늘의 내가 미래에서 과거로 왔다고 생각하면 나의 미래를 바꿀 수 있는 막강한 힘을 가진 겁니다. 그리고 이것은 공상 과학 영화에서가 아니라 현실에서 일어나는 일입니다. 지금 내가 어떤 행동을 하는지에 따라서 나의 미래는 분명히 바뀝니다.

	진짜 공부의 7단계
1단계	할 수 있다는 믿음을 바탕으로 생각이 변해야 한다.
2단계	진로를 기본으로 나만의 공부의 목적을 정해야 한다.
3단계	공부를 위한 최적의 환경을 만들어야 한다.
4단계	실패를 겁내지 말고 GRIT의 정신으로 공부해야 한다.
5단계	좋은 습관을 만들고, 나쁜 습관을 없애기 위해서 노력한다.
6단계	하나에 집중하고 몰입해서 공부한다.
7단계	내가 원하는 것을 추구하면서 진짜 인생을 살아야 한다.

3부 / **진짜 공부하는 자녀로 만드는
부모의 역할**

부모의 역할 ①
공부의 본질을
갖춘 아이로 기른다

현실보다
본질

　　　　　　　대한민국에서 부모 역할을 한다는 것이 정말 피
로하다고 느낍니다. 현대 사회를 살아가기 위해서 쉼 없이 일하고,
돈 벌면서 자녀 교육에도 힘을 쏟아야 합니다. SNS를 통해서 쉼 없
이 비교하고, 비교를 당하면서 하루하루 숨 가쁘게 살아갑니다. 그중
에서도 자녀 교육은 부모 뜻대로 되지 않는 가장 큰 고민입니다. 저
도 그 고민을 하는 사람 중 한 명입니다.

　　그럼에도 저는 너무 현실을 반영한 접근보다는 본질에 대한 고민
이 중요하다고 생각합니다. 그 이유는 보통의 가정에서 목표하는 공

부를 잘한다는 기준이 턱없이 높기 때문입니다. 여러분은 고등학교에서 자녀가 1~9등급 중에서 몇 등급을 받아야 공부를 잘하는 것이라고 생각하시나요? 강연장에서 부모님들께 여쭤보면 1~2등급 정도를 말씀하십니다. 이것은 욕심은 아닙니다. 인문계 고등학교 3등급 이하부터는 인서울 명문대에 내신으로 지원하기는 쉽지 않습니다. 그런데 2등급은 상위 11%까지입니다. 1등급이 목표라면 상위 4%를 의미합니다. 그렇다면 현실적인 고민이 필요합니다. 우리 가정의 무언가가 상위 4% 수준이어야 자녀가 목표를 달성할 것입니다. 여기에 대한 해답으로 선행이 답인 것 같지만, 사실 같은 지역에 사는 사람들은 경제 수준도 비슷하고, 다니는 학원도 크게 차이 나지 않습니다. 그거라도 해야 하지 않냐는 심정으로 시키는 공부를 하지만 그것만으로는 상위 4%에 들기 어렵습니다. 이게 대다수의 가정이 맞이한 현실입니다.

우리 아이가 상위 4%에 들 수 있는 길은 개인의 치열한 노력밖에 없습니다. 아이가 그 노력을 해 주어야 목표 달성이 가능합니다. 이건 시키는 공부로 도달할 수 없는 경지입니다. 가정에서는 아이가 이런 노력을 할 수 있도록 본질을 놓치지 않아야 합니다. 농사에 비유하면 부모의 역할은 땅을 비옥하게 만들고, 씨앗을 심는 것까지입니다. 그 씨앗에서 어떤 결실이 열릴지 부모는 알 수 없습니다. 다만 부모는 토양이 비옥하도록, 아이가 잘 자랄 수 있도록 기반을 마련할 수 있습니다. 그런 본질에 대한 고민이 어쩌면 교재나 강의에 대한 고민보다 더 중요할 겁니다.

3부에서 부모님들과 나눌 이야기는 이상적인 이야기가 아닙니다. 우리 가정에서 생각하는 공부를 잘한다는 기준을 교육비 지출이나 재능으로는 달성할 가능성이 희박하기 때문에 나누는 지극히 현실적인 이야기입니다. 그리고 바라건대 본질을 지킨다면 자녀는 공부를 떠나서 건강하게 독립적인 인격을 갖추고 미래 사회를 잘 살아갈 겁니다. 그런 고민을 지금부터 함께 하고자 합니다. 교재나 강의, 비법을 기대하신 분들께는 김빠지는 이야기일 수 있지만, 명심하세요. 세상에 나만 알고 있는 정보는 없습니다. 대한민국 최고의 교재, 강의를 구해와도 아이가 공부를 할 마음이 없고, 습관이 없고, 근성이 없으면 원하는 성취는 할 수 없습니다. 공부를 잘하고, 인생을 힘 있게 살아갈 수 있는 아이를 위한 고민을 지금 시작합니다.

초등 공부의 본질 첫 번째, 관심

이 책의 내용을 읽으면서 어떤 부모라도 우리 아이가 진짜 공부를 하기를 원할 겁니다. 진짜 공부는 공부를 위한 강한 동기를 부여하기도 하지만, 결국 자녀가 자신이 원하는 것을 찾는 과정을 도와줍니다. 모든 부모는 자녀들이 이런 삶을 살기를 원할 겁니다. 3부에서는 자녀의 진짜 공부를 돕기 위한 부모의 역할을 하나씩 알아봅니다. 사교육의 증가분이 초등에 몰리고 있는 현실이지만, 공부의 본질은 자녀가 어릴 때부터 고민이 필요합니다. 진짜 공부를 하는 학생들은 아래와 같은 공부의 본질을 지킵니다.

초등 공부의 본질

- 자신의 관심 분야를 탐색한다(관심)

- 공부를 좋아한다(공부 정서)

- 공부를 잘할 수 있다고 생각한다(자존감, 자기효능감)

- 공부를 꾸준히 할 수 있다(공부 습관)

- 인내심을 갖고 공부를 지속할 수 있다(근성)

초등 자녀를 둔 부모의 저녁은 바쁩니다. 아이들과 함께 하는 1~2시간 동안에 공부해야 할 것들이 너무나도 많기 때문입니다. 그래서 아이의 이야기를 들어줄 시간도, 공부의 본질을 고민할 시간도 없습니다. 하루하루 숙제를 제대로 하기도 바쁩니다. 초등 자녀의 아빠인 저도 이런 현실을 모르지 않습니다. 하지만 초등에서 놓치지 않아야 할 것은 아이가 자신과 세상에 대해서 갖는 '관심'을 위한 시간입니다.

성적이 우수한 아이들은 진로에 대한 성숙도가 높습니다. 고등에서 만나는 최상위권 학생들의 특징은 자신의 진로에 대해서 오래 고민을 해서 확신을 갖고 있다는 점입니다. 성적이 높기 때문에 진로에 대한 확신이 있는 것이 절대로 아닙니다. 성적이 높을수록 전국의 모든 대학, 모든 학과를 선택할 수 있기 때문에 오히려 선택의 고민은 깊어집니다. 최상위권 학생들이 진로에 대한 확신을 가진 것은 오랜 시간 동안 자신과 세상에 대한 관심을 키워 왔기 때문입니다.

진짜 공부를 위해서는 진로에 대한 고민이 반드시 필요합니다. 그리고 진로를 탐색하는 과정은 부모가 자녀가 어릴 때부터 충분히 도와줄 수 있는 분야입니다. 진로를 위한 부모의 노력은 다음의 2가지로 볼 수 있습니다.

- 자녀의 진로 탐색을 위한 다양한 기회 제공
- 자녀의 진로에 대한 존중

진로는 다음과 같은 객관식 문항이 아닙니다. 초등 단계에서 진로를 이런 식으로 선택하는 것은 의미가 없습니다.

Q. 우리 아이에게 알맞은 진로로 가장 적절한 것을 고르시오.

① 의사   ② 변호사   ③ 빅데이터 전문가

④ 양자컴퓨터 개발자   ⑤ 드론 전문가

진로를 위해서는 우선 자녀가 스스로를 알 수 있는 경험이 필요합니다. 인간은 다양한 환경을 접하면서, 새로운 사람을 만나면서, 대화를 하면서, 독서를 하면서 자신에 대해서 더 많이 알게 됩니다. 이것이 출발점이 되어야 합니다. 이는 새로운 개념이 아닙니다. 교육부에서 운영하는 커리어넷에서는 시기별로 진로 교육의 목표를 다음과 같이 제시합니다.

[표] 우리나라 학교급별 진로 진학 교육의 목표

학교급 계열		진로 교육 목표
초등학교	진로 인식	자신의 적성, 흥미, 성격 등 인식
중학교	진로 탐색	직업 세계의 다양성 인식, 긍정적 직업 가치관 형성
고등학교	일반고	자신의 특성에 부합하는 진로 경로 설정 희망 전공 계열과 학과 등 선택
	특성화고	진로 계획 (진학·취업) 자신의 특성에 부합하는 진로 경로 설정 희망 직업 및 취업 분야 등 선택

출처 : 커리어넷

 초등 단계는 자신을 파악하는 시기입니다. 자신에게 관심을 갖고, 세상과 연결하는 시간이 필요합니다. 과거보다 지금 교육 현장에서 진로 교육은 훨씬 더 발달했습니다. 하지만 저는 과거보다 훨씬 더 많은 학생들이 자신의 진로를 결정하지 못하는 상황에 직면한다고 생각합니다. 그 이유는 자신과 자신의 진로에 대해서 고민할 시간이 없기 때문입니다. 기성세대가 어릴 때는 어려서부터 많은 시간을 공부가 아닌 활동을 하면서 보냈습니다. 지금 기준으로 다소 빈둥(?)거리는 시간은 결코 의미가 없지 않습니다. 많은 전문가들은 그 시간을 통해서 자신을 알게 되고, 세상을 이해한다고 말합니다. 지금 초등 자녀들에게는 자신을 탐색할 수 있는 기회도 시간도 없습니다.

 학교 현장에서 아이들을 지켜보면 공부 외적인 사건을 통해서 더 크게 성장합니다. 체육대회 때 반별 안무를 연습하면서, 동아리 축제를 준비하면서, 수학여행을 다녀와서 아이들은 달라집니다. 새로운 경험과 사건들이 그들을 성숙하게 하고, 성장시킵니다. 아이들은 경험을 먹고 자랍니다.

아이들에게 이런 기회를 부여하는 것은 부모의 역할입니다. 그리고 자녀가 대화를 통해서 자신의 관심사를 표현하면 그 신호를 놓치지 않아야 합니다. 페이스북의 창업자인 마크 저커버그를 아실 겁니다. 그의 아버지인 에드워드 저커버그는 뉴욕의 치과 의사였습니다. 그의 어머니는 심리학자로서 교육 분야에서 일하고 있었습니다. 그들은 어릴 때부터 컴퓨터에 대한 흥미와 열정을 가진 아들을 지원하고 격려했습니다. 아들이 첫 컴퓨터 게임을 만들도록 도왔습니다. 그들이 아들에게 의대를 권했더라면 지금 우리는 페이스북, 인스타그램 등이 없는 세상에 살고 있을 겁니다.

대한민국의 부모님들에게는 2025년부터 고교학점제라는 제도가 본격 도입되기 때문에 진로에 대한 고민은 선택이 아닌 필수가 되었습니다. 교육부의 공식적인 정의를 인용하면 고교학점제는 학생이 기초 소양과 기본 학력을 바탕으로 진로·적성에 따라 과목을 선택하고, 이수 기준에 도달한 과목에 대해 학점을 취득·누적하여 졸업하는 제도입니다. 대학교에서 전공 필수 과목과 교양 과목을 이수해서 졸업에 필요한 학점을 충족시키면 졸업을 하는 제도와 비슷합니다. 고교학점제를 시행하는 취지는 학생들이 주도적으로 자신의 미래를 설계하는 것을 돕기 위해서입니다. 지금까지는 일주일 내내 학교가 정해준 시간표대로 수동적으로 수업을 들었다면, 고교학점제 도입 이후에는 학생이 선택할 수 있는 과목의 수가 더 늘어납니다.

고교학점제는 입시와의 연결이 쉽지 않은 제도입니다. 우리네 입시에서는 '변별'이 중요한데 이를 위해서는 같은 과목을 동일하게 들고, 똑같은 시험을 통해서 성적을 가르는 것이 가장 공정합니다. 적어도 우리는 현재 그렇게 생각하고 있습니다. 그래서 수능이 건재한 겁니다. 하지만 고교학점제는 학생들 개개인이 자신이 원하는 과목을 듣기 때문에 개인별로 교육과정이 달라지는 셈이고, 이들에 대한 평가도 상대평가가 아닌 절대평가로 이루어지기 때문에 '공정성', '변별력'을 확보하는 것이 쉽지 않습니다.

많은 우려에도 불구하고 고교학점제로 넘어가는 이유는 미래 사회를 살아갈 아이들에게 자신에 대해서 관심을 갖고, 자신에게 맞는 과목을 주도적으로 선택해서 수강하는 '주체성'이 제도가 갖는 현실적인 한계보다 더 중요하기 때문입니다.

언론에 보도되는 MZ세대들에 대한 기사를 보세요. 벌써 기성세대와는 다른 다양한 가치들이 인정받고 있습니다. 무조건 명문대에 들어가서, 대기업에 취직해서, 조직에 헌신하고, 가족을 위해서 평생을 희생하던 기성세대의 가치는 이미 통하지 않습니다. 다양한 삶의 방식, 성공의 기준이 더 늘어날 겁니다. 기술의 발전은 이런 기존 가치의 붕괴를 도울 겁니다. 이런 시대를 살아갈 아이들은 자신이 중심이 되어야 합니다. 어떤 가치를 추구하면서 살지, 어떤 삶의 양식을 취할지를 자신이 결정해야 합니다. 그 시작으로 자신이 들을 과목도 자신이 선택을 하라는 겁니다.

수능이라는 관문만을 생각하면서 초등에서부터 입시만을 강조하는 것은 본질을 놓치는 일이라고 생각합니다. 고교학점제가 도입되면 어떤 고등학교에 진학해야 하는지, 무슨 과목을 선택하는 것이 유리한지에 대한 전략을 짜기에 앞서서 본질을 우선 챙겨야 합니다. 본질은 자녀가 자신에 대해서 '관심'을 가져야 한다는 겁니다. 경험, 독서, 대화는 이 과정을 도울 겁니다. 지금 우리 자녀는 무엇에 관심을 갖고 있나요? 혹시 기계처럼 공부만 하고 있지는 않은지 자녀의 이야기를 들어볼 필요가 있습니다.

 한마디로

진짜 공부는 자녀의 진로 탐색에서부터 시작됩니다.

자녀의 관심사를 찾기 위한 경험, 독서, 대화가 **필요합니다**.

자녀의 관심사를 존중해야 합니다.

초등 공부의 본질 두 번째, 공부 정서

공부 정서는 공부를 떠올렸을 때 아이들이 갖는 마음입니다. 허겁지겁 공부해서는 지속하기 어렵습니다. 좋아해야 오래 할 수 있습니다. 공부를 엄청 좋아할 수는 없지만 혐오하지는 않아야 합니다. 초등에서부터 아이가 원하지 않는 공부를 강요하는 과정에서 아이의 공부 정서가 망가지면 중학교 이후에 공부를 지속하기 어렵습니다. 중학교 때 몸도 정신도 성장한 아이가 공부를 거부하면 부모가 이를 해결할 수 있는 방법이 없습니다.

앞서 살펴본 것처럼 우리의 두뇌는 감정이 이성보다 우선권을 가집니다. 초등에서 공부에 질려버린 학생들의 공부 정서가 망가지면 중학교 이후에 이성적으로 판단할 수 없습니다. 이성은 자신의 미래를 위해서 공부를 해야 한다고 말하지만, 공부에 대한 거부감이나 혐오감이 우선권을 가지면서 공부를 할 수 없는 겁니다. 우리가 일상에서 얼마나 감정적으로 살아가는지를 생각해 보면 공부 정서에 대한 고민은 반드시 필요합니다. 초등에서 선행이 본격화되면서 발달 단계보다 앞선 공부를 하는 학생들은 기본적으로 공부를 어려워할 수밖에 없습니다. 자신의 인지 수준보다 어려운 내용을 배우는 과정에서 어렵고, 짜증이 나고 힘들 겁니다. 이 감정을 방치하면 결국 아이는 중학교 이후에 공부를 멈출 겁니다. 스스로 공부를 하는 아이는 따로 있고, 우리 아이는 공부를 힘들어하니까 시켜서라도 공부를 해야 한다는 가정이 늘고 있는 상황은 대단히 우려스럽습니다.

태어나면서부터 공부를 좋아하는 아이는 없습니다. 아이들은 밖에 나가서 뛰어노는 것을 좋아하는 존재입니다. 가만히 앉아서 책을 읽고 공부를 하는 것을 선천적으로 좋아하는 아이는 거의 없습니다. 그럼에도 공부를 좋아한다는 것은 환경, 훈련의 영향이라고 생각합니다. 어머님들과 만나 보면, 저의 영어 강의를 직접 들으시면서 공부를 하시는 분들이 계십니다. 중학에서 힘들게 공부하는 아이와 함께 하기 위해서 자신도 공부를 하다가 재미가 있어서 본격적으로 공부에 뛰어들게 되었다는 어머님도 뵌 적이 있습니다. 공부하는 부모는 아이에게 긍정적인 공부 정서를 형성하기 위한 최고의 부모일 수밖에 없습니다. 부모가 독서, 공부를 흥미로운 대상으로 생각하면 아이들도 그렇게 생각을 하게 됩니다. 부모가 도서관에 수시로 가고, 매일 저녁 책을 읽고 공부를 하면 아이들은 독서

나 공부를 가까이 할 수밖에 없습니다. 그렇게 공부를 좋아하는 감정은 만들어집니다.

현재 자녀가 수학이나 영어 공부에 대해서 반감을 갖고 있다면 우선 공부 정서를 긍정적으로 만들기 위한 노력이 필요합니다. 싫어하는 공부를 참으면서 계속 해서는 절대로 원하는 성과를 얻을 수 없습니다. 영어 과목의 경우 좋아하는 영어로 된 영상물을 꾸준히 시청하는 방법, 해외여행을 가서 영어를 사용하는 특별한 경험 등을 통해서 영어에 대한 감정을 순화시킬 수 있습니다. 별것 아닌 것 같지만, 평소 수업 시간에 딱딱하게 배우고, 진단평가를 위해서 억지로 공부를 하던 영어가 실생활에서 실용적으로 쓰인다는 사실을 경험하는 것만으로도 영어 과목에 대한 인식과 흥미도가 완전히 달라질 겁니다. 수학 과목은 실생활에서 물건값을 연산을 통해서 계산한다든가, 가족의 여행 예산을 작성하는 식으로 딱딱한 공부에 대한 인식을 부드럽게 만들 필요가 있습니다. 3박 4일의 일정이라면 숙박료를 곱하기해야 하고, 가정에서 잡은 예산과 비교하는 과정에서 더하기 빼기를 하게 되는 식으로 실생활에서 연산을 활용할 수 있습니다.

도서관에서 교과목과 관련된 재밌는 학습도서들을 빌려 보는 것도 훌륭한 방법입니다. 초등학생들의 공부 정서를 긍정적으로 만들기 위한 다수의 학습도서들이 출간되어 있습니다. 이를 적극적으로 이용하시기만 하면 됩니다. 다음과 같은 책과 영화를 통해 공부에 대해서 긍정적인 감정을 기를 수 있습니다.

영어 감정을 위한 책, 영화

- 허준석, 『이상한 영어 나라에 빠진 아이들』, 한국경제신문, 2023

※ 할리우드에서 제작된 어떤 영화라도 도움이 될 것입니다.

수학 감정을 위한 책, 영화

- 〈이미테이션 게임(2015)〉: 천재 수학자 앨런 튜링의 실화를 바탕으로 만든 영화
- 〈굿 윌 헌팅(1998)〉: 수학, 법학, 역사학 천재이지만 마음의 문을 닫고 지내는 윌과 MIT 수학과 램보 교수의 이야기
- 〈이상한 나라의 수학자(2022)〉: 탈북한 천재 수학자와 자사고 학생의 우정 이야기를 다룬 한국 영화
- 〈뷰티풀 마인드(2002)〉: 수학자 존 내쉬의 실화를 다룬 이야기
- 〈무한대를 본 남자(2016)〉: 인도 빈민가의 수학 천재 라마누잔과 영국 왕립학회의 괴짜 수학자 하디 교수의 이야기
- 류승재, 『수상한 수학 감옥 아이들』, 한국경제신문, 2022

👆 한마디로

공부를 좋아해야 오래도록 할 수 있습니다.

공부하는 부모는 자녀의 긍정적인 공부 정서로 이어집니다.

공부를 힘들어하는 자녀가 공부를 좋아할 수 있는 계기를 마련해 주세요.

초등 공부의 본질 세 번째,
자존감

초등 교육의 또 하나의 본질은 높은 자존감입니다. 생경한 이야기처럼 들리실 겁니다. 자존감과 공부의 관계에 대해서 함께 생각해 봅시다. 자존감을 처음으로 규명한 미국의 심리학자 너새니얼 브랜든의 저서 『자존감의 여섯 기둥』에서는 자존감을 다음과 같이 정의합니다.

- 자신에게 성공하고 행복해질 권리가 있다는 확신, 자기에게 필요한 것과 자신이 원하는 것을 주장하고 가치를 실현하며 노력에 따른 결실을 누릴 가치가 있고, 그럴 만한 자격이 있는 존재라는 생각
- 자신이 생각하는 능력에 대한 확신, 살면서 맞닥뜨리는 기본적인 도전들에 대처하는 능력에 대한 확신

자존감이 높다는 것은 크게 2가지 의미입니다. 1번은 자신이 스스로를 존중하는 개념입니다. 2번은 조금 다른 개념입니다. 2번은 자신의 능력으로 인생의 문제들을 해결할 수 있다는 정신입니다. 공부에서 자존감이 중요한 이유는 2가지 정의 모두와 관련이 있습니다.

먼저 자기를 존중하는 사람은 자신의 삶을 위해서 인내하고 자제할 수 있습니다. 저처럼 먹을 것을 좋아하는 분이라면 쉽게 공감할 수 있는 사례를 예로 들겠습니다. 저는 고3 때 몸무게가 지금보다 10kg이나 더 나갈 정도로 먹을 것을 좋아하고 살도 잘 찝니다. 나름

관리를 하지만 매번 건강검진에서는 과체중, 방심하면 비만에 속하게 됩니다. 저와 같은 사람들은 늘 식욕이 왕성한 상태입니다. 저는 피자, 치킨을 가장 좋아합니다. 하지만 맹세코 절대로 자주 먹지 않습니다. 이걸 자제하지 않고 식욕대로 먹었다면 지금의 체중도 절대로 유지하지 못했을 겁니다. 매끼 치킨을 먹고 싶지만 참습니다. 여러분도 비슷한 경험이 있으시죠? 치킨을 참고, 콜라 대신 물을 마실 때 우리에게 어떤 힘이 작용한다고 생각하십니까? 바로 자존감입니다. 자신이 자신의 인생을 존중하고 아끼기 때문에 체중 관리라는 개념이 생겨나고, 그래서 식욕대로 마구 먹지는 않는 겁니다. 나도 건강하고 싶고, 더 멋진 몸을 갖고 싶고, 더 예쁘고 잘생기고 싶다는 심리는 내가 나를 소중하게 여기는 자존감입니다. 자존감은 자제력, 인내심과 연결되어 있습니다.

공부를 잘하기 위해서는 자제력이 바탕이 되어야 합니다. 재능을 논하기 전에 스마트폰, 게임을 자제해야 하고, 놀고 싶은 욕구도 참아야 합니다. 공부를 위해서 놀거리를 참는 것도 자존감의 힘입니다. 내 인생이 소중하기 때문에 공부를 하는 것을 선택하는 겁니다.

자존감은 또한 자신의 능력에 대한 믿음과도 연결되어 있습니다. 자존감이 높은 사람들은 자기 자신을 긍정적으로 인식하며, 자신에 대해 믿음과 자신감을 가집니다. 이로 인해 어려운 상황에 직면해도 자신을 믿고 극복할 수 있는 능력을 발휘할 수 있습니다. 자존감이 높은 사람들은 일반적으로 실패를 더 긍정적으로 받아들이는 경향이 있습니다. 자신을 믿고 있기 때문에 실패를 개인적인 능력의 한계로 받아들이지 않고, 새로운 기회를 찾거나 문제를 해결하는 방법을 찾아냅니다.

이와는 대조적으로 자존감이 낮으면 자신의 인생을 소중히 여기지 않기 때문에 고통스러운 공부를 지속할 이유를 찾지 못합니다. 고통스러운 공부는 피하고 순간적 쾌락을 제공하는 스마트폰, 게임에 쉽게 빠져듭니다. 참고 인내하기 위한 원동력인 자존감이 부족하다 보니, 유혹에 더 쉽게 넘어갑니다. 그리고 자신의 능력에 대한 믿음이 없습니다. 공부라는 도전에서 이길 수 있을 거라고 생각하지 않기 때문에 공부를 지속하지 못합니다.

어떤 아이들이 자존감이 낮을까요? 부모의 사랑을 충분히 받지 못한 아이들입니다. 저녁 시간마다 부모가 숙제를 안 했다고, 공부를 안 했다고 혼낸 아이들입니다. 부모들은 자녀를 사랑하니까 피곤한 저녁 시간을 투자해서 아이들 공부를 봐주는 겁니다. 그런데 부모들은 이미 하루 종일 일하느라 남은 에너지가 없습니다. 마지막 힘을 쥐어짜서 공부를 봐주는 부모의 정성과는 달리 아이는 부모 기대만큼 공부를 하지 않으니 부모는 짜증이 납니다. 짜증은 때로는 화가 되어 분출됩니다. 그렇게 부모는 아이에게 숙제를 안 했다고, 공부에 집중을 안 한다고 화를 내게 됩니다. 부모로서 살다 보면 이런 일들이 자연스럽게 일어납니다. 저도 예외는 아닙니다. 하지만 우리는 부모의 짜증과 화의 결과가 결코 가볍지 않음을 인식해야 합니다. 이 과정에서 아이의 자존감이 자라지 못하기 때문입니다.

부모는 아이를 사랑하니까 공부를 시키는 거지만, 아이들 입장에서는 부모가 내가 공부를 못하니까 미워하는 거라고 생각합니다. 그렇게 아이는 자존감을 발달시키지 못하고, 결국 입시라는 장기 레이스에 필요한 인내심을 기르지 못합니다. 입시에서의 목표가 높은 가정일수록 본질을 놓쳐서는 안 됩니다. 오늘 저녁에 하나의 개념을 제대로 이해하는 것보다 자존감을 키워서 자기 존중감, 인내심을 기르는 것이 더 중요한 문제일 수 있습니다.

저의 저녁 시간 제1의 목표는 화내지 않는 아빠가 되는 겁니다. 저는 성격 자체가 너무 예민해서 평소에도 스스로 머리가 복잡합니다. 이런 티를 내고 싶지 않아서 모두에게 웃으면서 사회생활을 합니다. 이런 분들 있으시죠? 문제는 아이들과 함께 하는 저녁 시간에는 경계가 풀리면서 예민한 본성이 자꾸 드러나는 겁니다. 그래서 저도 인위적인 노력을 기울이기 전에는 참 부족한 아빠였습니다. 잔소리 대마왕에 수시로 짜증을 내고, 불같이 화도 내곤 했습니다. 고백하건대 아직도 이 문제는 완전히 해결하지 못했습니다. 하지만 과거보다 훨씬 더 노력하고 있습니다. 왜냐하면 저의 짜증은 가만히 있는 것보다 못한 결과를 불러오기 때문입니다. 이런 저이기에 저녁 시간에 부모님들이 느끼는 고통을 잘 이해하고 있습니다. 하루 종일 일로 육아로 지친 부모들이 자녀 교육까지 담당하는 것이 얼마나 힘듭니까. 하지만 기왕 자녀들과 저녁 시간을 보낼 것이라면 자존감을 키울 수 있는 시간을 보내야 합니다.

아이의 자존감은 어떻게 키울 수 있을까요? 생리학자 스탠리 쿠퍼스미스는 부모의 어떤 행동이 자녀의 자존감을 높이는지를 밝혀내고자 했습니다. 그의 연구에 따르면 우리 모두는 자녀의 자존감을 높일 수 있습니다. 그는 연구를 통해서 아래와 같은 사실을 밝혔습니다.

"가족의 부, 교육 수준, 지리적 생활 환경, 사회 계급, 아버지의 직업이나 어머니가 전업주부로서 늘 집에 있는지 여부는 아이의 자존감과 유의미한 상관관계가 없다."

이 연구결과는 어느 가정에서도 자녀의 자존감을 키울 수 있다는 것을 의미합니다. 그리고 그는 아이의 높은 자존감과 관련된 5가지 조건을 연구를 통해서 정리했습니다. 아이들은 아래의 조건에서 자존감을 발달시킵니다.

아이의 높은 자존감과 관련된 5가지 조건

1. 아이가 자신의 생각과 감정, 그리고 자기 자신이 가치 있는 존재로서 온전히 받아들여지는 경험을 했을 때

2. 아이가 명확하게 규정되고 실행되는 한계 안에서 자랄 때. 이때 아이에게 제시되는 한계는 공정하고 억압적이지 않으며 협상의 여지가 있는 것들이다.

3. 아이가 한 인간으로서 존엄성을 존중받았을 때. 부모는 아이를 통제하거나 조종하려고 폭력을 휘두르거나 창피를 주거나 조롱하지 않는다.

4. 부모가 행동과 실행의 측면에서 높은 기준과 높은 기대를 지지할 때. 아이들은 자신이 할 수 있는 최선을 다해야 한다는 도전을 받는다.

5. 부모 스스로 높은 자존감을 즐기는 경향이 있을 때. 그들은 자기 효능감과 자기 존중의 본보기가 된다.

아이들은 자신의 생각, 감정이 있는 그대로 받아들여지는 경험을 통해서 자신의 인생이 존중받는다는 느낌을 형성합니다. 저녁 시간에 자녀와 눈을 맞추고 자녀의 이야기에 귀를 기울이는 대화만으로도 자존감은 발달합니다. 제한된 시간에 더 많은 공부를 해야 하는 대한민국의 다수의 과정에서 이 간단하고 따뜻한 대화가 사라지고 있습니다. 자존감은 자기효능감을 동반하기 때문에 아이는 도전을 해야 합니다. 일단 도전을 해야 성공과 실패가 있고, 해냈다는 자기효능감도 느낄 수 있습니다. 이를 위해서는 초등에서부터 자녀의 도전 자체를 응원해야 합니다. 대회에서 수상을 해야만 기뻐하는 가정에서는 아이가 결국 도전을 겁내게 됩니다. 갈수록 성취는 어려워지는데 부모가 성취에만 기뻐한다면 자녀는 도전을 꺼리게 될 겁니다. 그리고 수능이라는 거대한 도전 앞에 무너질 수 있습니다. 자녀의 자존감을 높이기 위한 부모의 역할을 정리해 봅니다.

- 부모가 스스로 높은 자존감을 가진다.
- 가정에서 민주적으로 규칙을 정한다.
- 규칙은 자녀와의 협상을 통해서 조정 가능하다.
- 규칙 안에서 자녀들은 있는 그대로 존중받는다.
- 자녀들의 생각, 감정은 온전히 존중받는다.
- 가족 전체가 도전하는 삶을 지향한다.

자존감은 진짜 공부의 필수 요소입니다.

부모가 스스로 자존감을 가져야 합니다.

가정에는 규칙이 있어야 합니다.

자녀들의 생각과 감정은 존중 받아야 합니다.

가족 전체가 최선을 다해 도전하면서 살아야 합니다.

초등 공부의 본질 네 번째,
공부 습관

공부를 하려면 공부 습관이 당연히 있어야 합니다. 고등학생들은 대부분 하루 종일 공부를 하면서 시간을 보냅니다. 하지만 그들의 시간의 농도는 너무나도 다릅니다. 공부 습관이 있는 학생들은 바로 공부에 돌입하고 집중해서 공부합니다. 습관이 없는 학생들은 자리에 앉아도 집중하지 못하고, 공부를 지속하지 못합니다. 이런 차이가 쌓이면 따라잡을 수 없는 격차가 만들어집니다.

초등 시기에 부모님께서 힘드셔도 저녁 시간에 자녀들과 공부 습관을 만들기 위한 노력을 해야 합니다. 학원에서 좋은 선생님을 만나면 공부 습관까지도 알려주실 수 있지만, 진정한 공부는 선생님이 안 계실 때 혼자서 해야 한다는 점에서 가정에서의 지도가 반드시 필요합니다. 맞벌이하느라 시간과 체력이 없으신 점 백번 이해합니다. 저도 소같이 일하는 사람으로서 집에 올라가기 전에 주차장에서 오늘은 짜증을 안 내길 10번은 다짐하고 올라갑니다. 엘리베이터에서 비장한 각오를 하고 문을 열고 들어가도 저는 성인군자가 아니기 때문에 짜증을 내곤 합니다. 우리는 다 똑같은 사람입니다.

그럼에도 독서하고 공부하는 저녁 시간을 만들기 위해서 지속적으로 노력해야 합니다. 원래 습관은 만들기 어려운 법입니다. 시간도 오래 걸리고 노력도 많이 필요합니다. 하지만 좋은 공부 습관은 한 번 만들고 나면 다른 사람들은 갖지 못하는 경쟁력이 되기 때문에 반드시 노력을 해서 얻어야 합니다.

공부 습관을 만들기 위해서 할 수 있는 실천 가능한 노력을 몇 가지 소개합니다. 저도 대단한 열정을 가진 아빠는 아니기 때문에 현실적으로 할 수 있는 것들을 하고 있습니다. 일단 공부를 위한 환경을 갖추어야 합니다. 공부보다 더 재밌는 게 있으면 공부 안 합니다. 이것은 진리입니다. 갓 튀긴 치킨과 브로콜리 중에서 뭘 먹을지를 물어본다면 100번을 물어도 치킨을 먹을 겁니다. 공부를 할지 TV를 볼지를 묻는다면 천 번을 물어도 TV를 볼 겁니다. 이런 환경에서는 공부할 수 없습니다.

공부를 위한 환경 구축하기

- 거실에 테이블 놓고 모여서 공부하기
- 거실에 TV는 치우거나 시청 제한하기
- 거실에는 아이들이 좋아하는 책으로 채우기
- 거실에서는 스마트폰을 사용하지 않기
- 저녁 시간에 모여서 독서하고, 해야 할 공부를 꼬박꼬박 하기

거실 공부라고 불리는 환경을 만드는 것은 부모의 편의를 위해서입니다. 맞벌이하느라 바쁜 부모님들께 방에서 공부하는 자녀는 부담입니다. 방에서 뭘 하는지 알 수가 없고, 자녀 입장에서도 부모님의 감시(?)가 없는 방에서는 놀고 싶습니다. 계속 딴짓을 하고 싶을 겁니다. 공부 습관이 만들어질 때까지는 거실에 모여서 공부하는 것이 서로에게 좋습니다.

그리고 거실에는 책보다 재밌는 것이 없어야 합니다. TV, 게임기 같은 자극적인 재미를 주는 것들은 되도록 치우고, 옮기기 어려운 상황이면 제한을 해야 합니다. 저와 아내는 거실에 스마트폰을 가지고 나오지 않습니다. 저도 일이 많은 사람이라 업무 연락이 많이 오지만 제가 하는 일들이 분초를 다투는 일은 아니라서 스마트폰을 항상 휴대할 필요는 없습니다. 그리고 솔직히 저도 스마트폰 없는 편이 훨씬 더 독서나 공부에 도움이 됩니다.

앞서 함께 살펴보았지만 습관은 이중성이 있습니다. 새로운 습관을 만들기는 정말 어렵습니다. 하지만 일단 습관으로 굳어지면 두뇌는 이것을 초기 설정으로 여겨서 수월하게 실천할 수 있습니다. 저도 처음에 소파를 없애고 거실에 책상을 놓는 것에 의심이 많았습니다. 소파 없이 현대인이 살 수 있는지 의문이었습니다. 하지만 습관을 만드는 것이 얼마나 어려운지를 알고 있기에 이런 환경은 반드시 필요하다고 생각합니다. 제 생각은 분명합니다.

- 공부보다 재밌는 것이 없어야 공부를 합니다.
- 독서밖에 할 것이 없는 환경이어야 독서를 합니다.

거실 공부를 시작해 보세요.

거실에서는 스마트폰을 사용하지 않습니다.

거실에서는 독서, 공부를 합니다.

매일 저녁에 모여서 공부하는 습관을 만듭니다.

초등 공부의 본질 다섯 번째, 근성

제가 생각하는 입시에서 성공하는 본질은 앞서 가는 아이가 아니라 포기하지 않는 아이가 되어야 한다는 것입니다. 입시에서 가장 확실한 진리는 다음과 같습니다.

"쉽게 원하는 것을 이루는 길은 없다."

수많은 교육 정보를 듣다 보면 대입에서 성공할 수 있는 길에 대해서 알게 됩니다. 하지만 정확하게 들여다보면 그 어떤 길도 쉽지 않습니다. 원하는 목표가 높다면 더욱 그러합니다. 대학에 갈 수 있는 기본적인 방법을 알아보겠습니다.

- 학생부 종합 전형(+수능 최저 + 면접)
- 학생부 교과 전형(+수능 최저 + 면접)
- 정시(+면접)
- 논술(+수능 최저)

크게 4가지의 방법 정도가 있습니다. 학생부 종합 전형의 평가 잣대는 내신과 학교 활동입니다. 여기에 수능에서 일정 수준 이상의 성적을 요구하는 수능 최저, 면접이 더해지기도 합니다. 학생부 교과 전형은 내신 성적만으로 대학에 가는 길입니다. 학교 활동을 평가하지 않습니다. 학생부 종합 전형보다 교과 전형이 훨씬 편해 보이시죠? 아닙니다. 인서울 명문대들은 주로 학생부 종합 전형으로 선발을 합니다. 교과 전형은 주로 지역의 대학들이 선발하는 방식입니다. 최근에는 인서울 대학들도 교과 전형으로 선발을 하지만 수능 최저 기준을 요구하는 경우가 대다수입니다. 정시는 수능 성적만으로 대학에 가는 길입니다. 논술은 수험생들에게는 로또처럼 대박의 상징으로 여겨지지만 사실 논술은 수능 최저 기준을 충족하는 것이 더 큰 과제입니다. 엄청난 경쟁률에도 불구하고 수능 최저를 충족하지 못하는 학생들이 많기 때문에 실제 경쟁률은 훨씬 낮습니다.

현재 입시에서 인서울 명문대 입학을 희망하는 학생이라면 인문계 고등학교 기준으로 기본적으로 다음의 사항들을 준비해야 합니다.

- 1~2등급 초반 수준의 내신 성적
- 평균 1~2등급 수준의 정시 성적
- 전공에 맞춘 성실한 학교 활동
- (논술 대비)

솔직히 해야 할 것이 너무 많습니다. 최상위권 학생들은 이 모든 준비를 하고 있습니다. 정말 딱할 정도로 쉴 없이 고교 3년을 보내야 이것들을 해낼 수 있습니다. 간혹 편하게 대학을 가는 것 같은 길이 보입니다. 예를 들어서 수능 성적 필요 없이 내신만으로 인서울 대학을 가는 길이 있다고 합니다. 죄송하지만 그건 비법이 아니고, 입시판에 있는 누구라도 알고 있는 공시된 정보입니다. 대학은 100% 자신들의 입학 기준을 공개하면서 좋은 학생들을 유치하는 것을 목표로 합니다. 그래서 입시에 관련된 모든 정보는 투명하게 공개되어 있습니다. 수능 성적을 반영하지 않고 내신만으로 가는 대학들은 주로 인서울의 최고 명문대들이 아닙니다. 그리고 이런 전형은 당연히 경쟁률이 치열합니다. 내가 편하다고 느끼는 길은 모두가 편하게 느끼고 지원율이 높습니다. 수능 최저는 학생들이 부담스러워하는 제도입니다. 내신 대비를 하면서 수능 공부까지 하고 싶지 않은 겁니다. 그럴수록 수능 최저를 충족할 수 있으면 강력한 무기가 됩니다. 그리고 실제로 최상위권 학생들은 내신과 학교 활동, 정시까지 모두 대비하고 있습니다. 내신 1등급도 학생부 종합 전형으로 서울대에 지원하면 떨어집니다. 전국의 1등급들이 서울대 입학 정원보다 많기 때문입니다. 그러면 그 학생은 정시로 서울대에 입학을 할 수 있습니다. 단, 자신이 정시 준비를 치열하게 했을 때의 이야기입니다.

원하는 목표가 높을수록 입시에 쉬운 길은 절대로 없습니다. 남들보다 더 힘들게 준비를 할수록 입시의 길이 넓어집니다. 그러면 현실적으로 입시에서 성공하기 위해서는 정보나 전략보다 엄청난 인내심, 근성, 도전의식이 필요한데 지금의 교육 현장은 그런 부분이 충분히 강조되고 있지 않은 것 같습니다.

근성을 기르기 위해서는 무엇이 필요할까요? 앞서 언급한

『GRIT』의 저자 앤절라 더크워스 교수는 자녀가 GRIT을 갖추기 위한 부모의 역할의 본질을 다음과 같이 말합니다.

"부모나 예비 부모 그리고 부모가 아닌 모든 연령대의 사람들에게 공부보다 놀이가 먼저라고 말해주고 싶다. 아직 열정의 대상을 정하지 못한 아이들에게는 하루에 몇 시간씩 부지런히 기술을 연마할 준비가 되기 전에 흥미를 자극하면서 빈둥거릴 시간이 반드시 필요하다."

인내심을 기르기 위해서 혹독한 훈련이 바로 필요한 것이 아닙니다. 아이들은 인내심을 갖기 이전에 인내심을 가질 대상이 필요합니다. 이것은 우리가 제일 먼저 이야기를 나눈 '관심'입니다. 인내심은 하루 아침에 생기는 것이 아닙니다. 인내심이 발달하는 과정은 순차적입니다. 먼저 아이들은 다양한 경험, 여행, 독서, 대화를 통해서 자신에 대해서 파악하고 열정의 대상을 찾아야 합니다. 그리고 자신의 관심사를 바탕으로 공부를 계속합니다. 공부를 지속하는 일은 쉽지 않기 때문에 부모도 동참하여 함께 공부 습관을 만들어야 합니다. 독서를 습관처럼 하는 가정에서는 이 과정이 고통스럽지만은 않을 겁니다. 그렇게 자신의 관심사를 바탕으로 반복적으로 공부를 하면서 점점 공부가 습관이 되고 실력이 쌓입니다. 그러면 더 반복이 쉬워집니다. 이 정도면 이미 평균적인 수준보다는 인내심이 길러진 셈입니다. 남들보다 더 오래 인내심을 갖고 공부를 지속할 수 있는 단계가 이렇게 만들어집니다. 아이들이 공부를 매일 지속한다는 것은 힘든 일입니다. 아이들은 생계를 걸고 공부를 하는 것도 아니고, 동기도 약하기 때문에 도움이 필요합니다. 이때 도움이 되는 것이 '작은 성공'의 개

넘입니다. 매일을 참는다는 개념으로 접근하면 힘들어서 공부를 지속할 수 없습니다. 매일 할 일을 정하고 이것의 성취를 기록하고 적절한 보상을 부여하면서 매일 성공해야 합니다. 간단하게 TO-DO 리스트를 만들어서 그날 해야 할 것을 계획하고 실천하는 식으로 하면 스스로 공부를 주도할 수 있습니다. 이는 스스로 자신을 파악하는 메타인지 능력과도 자연스럽게 연결됩니다. 장기적인 목표를 세우고 이를 세분해서 계획을 짜도 좋지만, 개인적으로 가볍게 시작을 해도 좋을 것 같습니다. 메모지에 그날 저녁에 할 것을 적고 수행하는 것만으로도 충분히 효과를 볼 수 있습니다. 개인적으로 저도 다이어리를 이용하지 않고 아침에 이면지에 할 일을 적어서 품에 넣고 다니면서 그날그날 일정을 소화합니다. 아이들의 메타인지력을 키우기 위해서 TO-DO리스트에 디테일을 더할 수 있습니다. 특히 우선순위는 많은 일을 엉키지 않고 하나씩 집중하면서 해결할 때 도움이 되고, 저도 해야 할 일이 많을 때 항상 우선순위를 활용합니다.

해야 할 일	지속 시간 Duration	어디서 Where	언제 When	우선순위 Priority
연산 3페이지 풀기	30분	거실	저녁 7:00~7:30	1

근성은 하루아침에 생기는 개념이 아니라고 생각합니다. 매일 힘든 노력의 과정이 있을 것이고, 이 과정을 믿음으로 지켜봐주는 부모가 필요할 겁니다. 그렇게 매일 자신과의 약속을 지키면서 성장할 때

노력의 힘을 믿게 되고 그 순간 근성이 자랄 겁니다.

 한마디로

근성은 진짜 공부의 필수 요소입니다.

근성을 키우기 위해서는 매일 습관처럼 공부해야 합니다.

부모는 자녀의 노력을 격려하고 지켜봐야 합니다.

노력의 성과를 경험할 때 근성은 자리잡게 됩니다.

미래를 준비하는
아이로 기른다

과거에 살고 있는
부모 세대

시대가 빠르게 변하면서 점점 부모 세대의 지식
이나 지혜는 자녀들에게 도움이 되지 않을 겁니다. 벌써 아이들은 모
르는 것을 부모에게 물어보지 않습니다. 온라인 커뮤니티에 질문하
는 것이 훨씬 더 빠릅니다. 새로운 기기가 나온다면 오히려 부모가
자녀에게 하나하나 배워야 할 것입니다.

시대는 미래를 향해서 날아가고 있는데 아직 부모 세대들은 과거
의 경험을 바탕으로 한 성공의 공식에 집착하고 있는 것 같습니다.
부모 세대가 가지고 있던 인생의 성공 공식을 버려야 합니다. 과거에

는 진로에 대한 인식 자체가 거의 없었습니다. 인서울 명문대를 목표로 교실에 갇혀서 밤늦게까지 강제로 목적도 모른 채 공부를 했습니다. 그래도 이것은 꽤나 효과가 있었습니다. 인서울 명문대를 졸업하기만 하면 취업이 거의 보장이 되던 때이기 때문에 그렇습니다. 이런 시대를 살아왔기에 우리는 아직도 이런 성공의 공식을 갖고 있을 수 있습니다.

무조건 공부를 열심히 해서 좋은 성적을 받는다
- 인서울 명문대에 입학한다
- 취업이 보장된다
- 취업하면 결혼을 한다
- 아이를 낳고 남은 인생을 행복하게 산다

이것은 철저하게 과거의 성공 공식입니다. 과거에는 경제적인 기반을 바탕으로 가족을 이루어 안정적으로 사는 것을 성공이자 행복이라고 생각했었습니다. 이 과정에서 주로 아빠는 집 밖에서 돈을 벌어오고, 엄마는 가족들을 챙기느라 평생을 희생했습니다. 희생이 따르지만 가족이라는 집단이 단단하게 유지되었기에 이렇게 사는 것을 당연하게 생각했고 행복이라 여겼습니다. 그래서 아빠는 아무리 힘든 일이 있어도 평생 동안 직장을 다니기 위해서 꾹 참았습니다. 엄마는 가족을 위해서 헌신하고 또 헌신했습니다.

하지만 지금은 이미 다른 시대가 열렸습니다. 대한민국은 2022년 출산율 0.78명을 기록하면서 세계적인 저출산 국가가 되었습니다. 출산율은 한 여성이 가임기 동안 낳을 것으로 기대되는 평균 출생아를 뜻하며 0.78이라는 수치는 1명의 여성이 1명의 아이도 낳지 않는다는 의미입니다. OECD 평균은 2021년 기준 1.58명입니다. 저출산, 고령화 사회로 돌입하면서 겪게 될 사회적 문제를 논하기 이전에 과거처럼 결혼과 출산이 당연시되던 시대는 지났음을 부모 세대는 인지해야 합니다.

직업에 대한 인식 또한 과거와는 달라졌습니다. 일단 명문대를 졸업한다고 해서 원하는 직장이 보장되던 시대는 끝났습니다. 이는 서울대 신입생들의 휴학률에서 드러납니다. 국회 교육위원회 소속 국민의힘 김병욱 의원이 서울대에서 제출받은 자료에 따르면 2023학년도 서울대 신입생 225명이 등록 직후 휴학을 결정했다고 합니다. 이는 전체 신입생 3,606명 중 6.2%에 달하는 수치입니다. 이들은 왜 우리나라 최고 대학이라고 인식되는 서울대를 입학하자마자 휴학을 했을까요? 이들은 주로 의대를 가기 위해서 휴학을 합니다. 의대가 최상위권의 목표가 되는 이유는 직업의 안정성 때문입니다. 의사는 면허만 있으면 평생 일할 수 있습니다. 다른 어떤 직장도 이 정도로 원하는 만큼 오래 일할 수 없습니다. 그래서 최상위권 학생들은 공부를 하는 김에 의대까지를 목표로 하는 겁니다. 젊은 층에서 명문대 졸업장의 가치가 이미 떨어지고 있습니다. 명문대를 졸업하고 취업을 해서 평생 하나의 일을 하는 시대는 끝났습니다.

평생직장의 개념 또한 사라지고 있습니다. 젊은 층일수록 이직률이 높습니다. 미국과 영국에서는 '조용한 사직Quiet Quitting'이라는 신조어가 유행이었습니다. 흥미로운 점은 이 말은 사직을 의미하지 않습니다. 조용한 사직은 직장에 충성하기보다는 조용하게 자신이 할 일만 하겠다는 것을 뜻합니다. 조직을 위한 헌신보다는 개인의 삶을 챙기겠다는 젊은 층들의 생각이 반영된 것입니다. 이 개념은 젊은이들 사이에서 큰 지지를 받았습니다. 이는 조직과 개인 간의 관계에도 변화가 생겼음을 의미합니다. 더 이상 개인에게 충성을 강요할 수 없습니다. 그렇다고 해서 무조건 조직보다 개인을 챙기는 것이 바람직한 것도 아닙니다. 과거에는 당연시되던 것들에 하나하나 의문이 제기되고 새로운 가치나 생각들이 생겨나고 있습니다. 시대는 그야말로 날아가고 있습니다. 기술의 혁신은 변화를 가속화할 겁니다. 과거 기성세대의 성공 공식에 아이들을 맞추면 안 됩니다. 그 순간 우리는 꼰대가 됩니다. 그리고 꼰대 부모 아래에서 자란 아이들은 자신이 원하는 꿈을 좇을 가능성이 적습니다. 이제는 아이들에게 맞추어 부모가 변해야 합니다.

 한마디로

부모 세대의 성공 공식은 벌써 무너졌습니다.

인생, 직업에 대한 자녀 세대의 생각은 과거와 달라졌습니다.

아이폰의
교훈

애플의 아이폰1은 2007년에 출시되었습니다.

2007년 1월 9일에 발표되었으며, 2007년 6월 29일에 미국에서 처음으로 판매가 시작되었습니다. 미국의 한 경매업체에서 포장을 뜯지 않은 1세대 아이폰이 19만 372.80달러(2억 4,158만 원)에 낙찰되었다고 합니다. 출시가 76만 원짜리 아이폰이 2억이 넘는 가치를 인정받은 겁니다. 2007년 이후 아이폰이 가져온 변화를 생각하면 이 가치는 과대평가가 아닙니다. 아이폰이 등장한 이후, 페이스북, 유튜브, 인스타그램이 등장하고, 세상 사람들의 소통 방식이 바뀌었습니다. 전 세계 인구가 거북목이 될 정도로 스마트폰을 쳐다보는 변화를 아이폰이 만들어냈습니다. 2023년 기준으로 16년 만에 세상이 바뀌었습니다.

16년 전에 우리는 지금의 변화를 예상할 수 있었나요? 절대로 그렇지 않았을 겁니다. 이 변화를 짐작이라도 했다면 우리는 애플, 페이스북, 구글 등에 거금을 투자해서 부자가 되었을 겁니다. 과거 인터넷이 세상에 처음 나오던 때에 빌 게이츠가 한 토크쇼에 출연해서 호스트와 나눈 대화가 인상적입니다. 토크쇼에 출연한 빌 게이츠는 인터넷을 소개합니다. 그러자 호스트는 이런 말을 합니다.

"야구 경기를 컴퓨터로 중계를 한다는 소식을 들었는데… 라디오라는 것을 못 들어보셨나요?"

이에 대해 빌 게이츠는 이렇게 답하죠.

"컴퓨터로는 언제든지 들을 수 있습니다."

여기에 호스트의 답변이 더해집니다.

"녹음기라는 것을 못 들어보셨나요?"

호스트는 빌 게이츠에게 자신이 무엇을 놓치고 있는지를 묻습니다. 라디오, 녹음기로 다 해결할 수 있는데 인터넷은 그 외에 어떤 장점을 갖고 있는지를 묻는 겁니다. 당시 호스트를 비롯한 동시대를 살던 모두가 놓친 것은 인터넷이 가지고 올 혁명적 변화입니다.

미래 사회 변화의 키워드는 AI일 겁니다. 지금 우리는 무엇을 놓치고 있을까요? 무엇을 놓치고 있는지도 알 수 없을 정도의 엄청난 변화가 20년 후에 기다리고 있을 겁니다. 이 논의의 핵심은 우리 자녀들은 지금이 아닌 20년 후를 살아야 한다는 점입니다. 지금 초등학생인 자녀는 20년이 지나야 사회생활을 본격적으로 시작할 겁니다.

인터넷이나 아이폰이 불러올 변화를 짐작도 못했듯이 우리는 AI가 만들 미래의 모습을 대강이라도 그리지 못하고 있습니다. 그만큼 변화는 엄청날 것이고 우리는 감히 그 변화를 예측할 수 없습니다. 부모로서 변화를 예측할 수 없는 20년 후를 살아가는 우리 아들딸들에게는 무엇을 가르쳐야 할까요? 확실한 것은 지금 입시에 모든 것을 투자하는 것은 현명한 대처가 아니라는 점입니다. 지금 우리 가정의 재화와 시간과 노력을 모조리 국영수를 중심으로 한 사교육에만 투자하고 있다면, 거기에는 이런 명제가 깔려 있는 겁니다.

"인서울 명문대 졸업장은 20년 후에도 자녀의 인생에 중요하다."

이런 전제가 있기 때문에 돈, 시간을 모조리 공부에 투자하는 겁니다. 이 명제는 20년 후에 통하지 않을 가능성이 매우 높습니다. 이미 인서울 명문대가 보장하는 바가 줄고 있는 상황에서 20년 후에 그 가치가 다시 상승하지는 않을 겁니다. 교육에 돈과 시간과 정성을 쏟는 것을 투자라고 생각한다면, 투자의 기본은 분산투자입니다. 올인전략은 대박 아니면 쪽박의 결과로 이어집니다. 국영수 위주의 공부도 해야 하지만, 다른 역량도 더불어 길러야 합니다. 20년 후의 변화가 예측 불가능하다면 적어도 우리 자녀는 그 불확실한 미래를 주체적으로 개척하듯 살아야 할 것입니다. 기술이 고도로 발달하고, 그로 인해 사회 구조가 바뀌고, 선호되는 일자리가 계속해서 변한다면 휘몰아치는 변화 속에서 아이가 중심을 잡고 새로운 기술을 익히면서 잘 적응해서 살아야 할 것입니다. 지금 그런 주도성과 역량을 자녀와 함께 기르고 있는지를 진지하게 고민해야 합니다. 오늘 자녀 교육과 관련하여 부모가 놓치고 있는 것이 없는지를 스스로에게 묻고 고민을 해야 합니다.

 한마디로

아이들은 20년 후에 사회생활을 시작하게 됩니다.

20년 후의 변화는 예측 불가능합니다.

인서울 명문대에 입학하기 위한 올인전략으로는 미래를 준비할 수 없습니다.

20년 후의 아이들에게
필요한 능력

『사피엔스』의 저자 유발 하라리는 한 인터뷰에서 젊은 세대에게 어른들의 말을 너무 믿지 말라는 조언을 전합니다. 과거에는 사회의 변화가 비교적 느리게 진행되었기 때문에 기성세대의 조언이 다음 세대에게 도움이 될 수 있었습니다. 하지만 지금은 사회가 변화하는 속도가 과거와는 비교가 되지 않을 정도로 빠릅니다. 지금 초중등학생인 자녀는 20년 후에 사회에 본격적으로 진출하게 됩니다. 20년 후를 살아갈 아이들에게 필요한 능력은 무엇일까요?

전혀 예상할 수 없는 세계이기 때문에 조심스러운 접근이 필요하고, 지금의 생각은 모두 가설에 불과합니다. 그래서 생각을 모아보고자 합니다. 16년 만에도 세상에 전기차가 생기고, 스마트폰이 발달하고, SNS가 세상을 지배했는데, 20년 후의 세상은 그야말로 예측 불가입니다. 이런 세상을 살아갈 아이들에게는 무슨 능력이 필요할까요? 2가지를 제안해 봅니다.

- 적응성
- 자신이 원하는 것을 알기

우선 적응성에 대해서 이야기해봅시다. 적응성은 변화에 적응하는 능력을 말합니다. 변화하는 미래를 예상할 수 없다면 적응해서 맞춰 나가야 합니다. 경제학 교수 앤드루 스콧은 저서인 『100세 인생』에서 무형 자산의 중요성을 강조합니다. 그녀는 100세 시대가 되면 주택, 현금, 예금 같은 유형 자산보다 건강, 변화에의 적응과 같은 무형 자산이 더 중요할 것으로 예상합니다. 무형 자산 중에서도 불확실성의 시대를 살기 위해서는 변화에의 적응이 무엇보다 중요하다고 강조합니다. 여가 시간을 오락recreation이 아니라 재창조re creation에 투자하라고 말합니다. 평생직장이라는 개념이 벌써 없어지고 있기에 미래 사회는 끊임없는 변화에 적응하는 것이 평생의 과제가 될 겁니다. 이를 대비하기 위해서 자신이 주도적으로 문제를 해결하는 경험이 필요합니다. 적극적으로 변화에 맞서서 자신의 힘으로 과업을 해결하면서 적응성을 기를 수 있습니다. 자기주도성과도 연결되는 개념입니다. 쉽게는 아이들에게 다양한 일을 맡기고 부탁하면 적응성을 기를 수 있습니다.

어려운 이야기가 아닙니다. 아이들에게 선택권을 주고, 문제를 해결할 수 있는 기회를 주는 겁니다. 그리고 부모는 그 과정을 지켜보고 필요할 때는 응원을 해주는 겁니다. 주말에 나들이 계획이 있다면 아이가 가고 싶은 곳을 정하고 하루 일정을 계획할 기회를 주세요. 아이는 처음에는 서툴지만 즐거운 마음으로 검색을 하고 부모의 의견을 물으면서 나들이 계획을 완성할 겁니다. 방학 때 일주일 정도 여행을 가신다면 역시 아이가 계획을 짜도록 시켜 보세요. 아이는 신이 나서 계획을 짤 것이고 이 문제해결 과정에서 많은 것을 경험합니다. 경주 여행을 예로 들어볼까요? 일주일 경주 여행 계획을 아이에게 부탁하면 아이는 일단 문화유적을 검색할 겁니다. 그리고 위치를 살피면서 언제 어디를 방문할지를 결정하겠죠. 아무래도 더 가치가 있는 유적지를 가야 하니까 유적에 대해서 더 관심을 갖게 될 겁니다. 이동 경로를 짜면서 지리에 대해서도 알게 될 겁니다. 예산 계획까지 아이에게 맡긴다면 아이는 밥값, 숙박료를 계산하면서 경제에 대한 관념도 생길 겁니다. 호텔에 머무는 것이 비싸다는 것도 알게 될 것이고, 돈을 아끼기 위해서 가성비 좋은 숙소를 검색할 수 있습니다.

20년 후를 살아갈 아이들은 자신에 대해서 알아야 합니다. 이것은 예측이 불가능한 미래를 대비하기 위한 최선의 전략입니다. 자신이 원하는 것을 알고 그것을 추구하는 삶을 사는 것은 삶의 만족도를 높입니다. 자신이 원하는 일을 하면 행복하게 일할 수 있습니다. 그리고 이것이 시대의 흐름과 잘 연결이 된다면 예상보다 훨씬 더 큰 성공으로 이어질 수 있습니다. 또한 자신이 원하는 일을 하는 것은 미래 사회를 비극적으로 가정했을 때에도 최선의 보험이 됩니다. 인공지능이 주도할 미래 사회는 염려되는 점이 다수 존재합니다. 그 중에서도 파바로티 효과Pavarotti effect라고 하여 상위 1%가 전체를 지배하는 일이 벌어질 것이라는 전망이 있습니다. 파바로티 효과는 이탈리아 테너 가수 루치아노 파바로티와 같은 최고 아티스트의 음반 외에는 전혀 안 팔리는 쏠림 현상을 표현한 것입니다. 현재도 경제의 양극화가 심해지고 있지만 정보, 기술이 부의 원천이 된다면 앞으로는 더욱 큰 양극화를 겪게 될 것이라는 겁니다. 유발 하라리는 자신의 저서에서 이런 현상 때문에 밀려난 이들을 무용 계급이라고 표현하기도 합니다. 기술의 발달로 인해서 자신들의 일거리를 잃은 집단이야말로 자신이 원하는 일을 찾아서 해야 합니다. 지금이야말로 아이들은 자신이 어떤 사람인지, 무엇을 원하는지 더 깊이 고민을 해야 합니다. 부모는 이 과정을 도와주기 위해서 아이들에게 다양한 기회를 제공해야 합니다.

내 자신에 대해 알기 위해서는 다양한 환경에 나를 던져야 합니다. 새로운 경험으로 나 자신과 만나면서 떠오르는 생각과 감정을 통해서 내가 어떤 사람인지 알게 되고 이것이 내가 원하는 것을 찾는

데 힌트가 됩니다. 기본적으로 아이들에게는 다양한 경험, 독서, 대화가 필수적이라고 생각합니다.

새로운 경험, 다양한 책을 읽으면서 아이의 생각과 감정이 자랄 겁니다. 부모와의 적극적인 대화를 통해서 생각을 발전시켜 나갈 겁니다. 이런 과정을 통해서 아이는 자신이 어떤 사람인지를 알게 되고 자아를 형성합니다. 이것은 부모가 자녀를 위해서 해 줄 수 있는 가장 중요한 역할이자 미래를 대비하는 최선의 전략이라고 생각합니다.

향후 20년은 변화의 속도가 더 빨라질 겁니다. 아이들에게 부모의 조언은 점점 필요 없어질 겁니다. 아이들이 적응성을 기르고, 자신이 원하는 것을 찾을 수 있는 기회를 제공하는 것이 부모로서의 최고의 역할입니다.

👆 한마디로

20년 후를 위해서 적응성을 길러야 합니다.

자녀 스스로 계획하고 선택하는 경험이 필요합니다.

자녀가 자신이 원하는 것을 찾아야 합니다.

두발자전거의
교훈

우리 아들딸들이 20년 후의 세상을 잘 살 수 있을지 걱정이 되시나요? 저도 사랑하는 아들딸들이 아직은 품 안의 아기들같이 느껴져서 걱정이 됩니다. 그런데 너무 걱정하지 않으셔도 됩니다. 아이들은 어리지 않습니다. 아이들은 하나의 우주를 갖고 태어나는 것 같습니다. 아이들이 갖고 있는 능력은 가끔 어른들을 깜짝 놀라게 합니다. 예능 프로그램 〈유 퀴즈 온 더 블럭〉에 시 쓰는 제주 소년 민시우 군이 출연한 적이 있습니다. 시우 군의 어머님이 폐암을 진단을 받고 병의 치유를 위해서 가족이 좋은 숲이 있는 제주도로 향했다고 합니다. 시우 군이 7살 때 어머니는 돌아가셨습니다. 이후 시우 군은 어머니와 이별한 감정을 시로 썼고, 이를 모아서 시집을 출간했습니다. 방송에서 소개된 시우 군이 어머니를 보내고 쓴 시를 한 편 옮깁니다.

약속
약속이란 뜻은 꼭 지키겠다는 말
근데 사람은 언제나
한 번씩은 약속을 못 지키지
근데 엄마는 나한테
아주 좋은 약속을 해주셨어
시우야 우리 언젠가
천국에서 다시 만나자
이런 약속은 꼭 이루어질 거야!

부모로서 시우 군의 시는 2편 이상 읽지 못하겠더군요. 마음이 먹먹해져서 한 편을 읽고 잠시 멈출 수밖에 없었습니다. 시우 군에게는 훌륭한 아버지가 계셨습니다. 아버지는 슬픔을 서로 숨기기보다는 이 슬픔을 아들과 같이 이야기하는 편을 택했습니다. 시우 군은 시를 통해서 엄마에 대한 감정을 표현하고, 아버지는 이것을 영화로 만들었습니다. 감정을 솔직하게 표현하면서 치유하는 길을 아버지가 도운 겁니다. 엄마가 돌아가실 때 나이가 어렸던 시우 군은 시를 쓰면서부터 엄마의 부재를 제대로 이해할 수 있었다고 합니다. 엄마의 부재를 느끼고, 이 감정을 시로 표현하면서 견디고 조금씩 나아갈 수 있었던 겁니다. 성숙한 시우 군과 아버님의 모습을 보니 공원에서 자전거 타기를 돕는 부모와 아이의 모습이 연상됩니다.

공원에서 자전거를 타는 아이들을 보신 적이 있으시죠? 초등학교도 안 들어간 것 같은 꼬맹이들이 두발자전거를 척척 탑니다. 옆에는 초등학교 고학년인 것 같은 아이가 보조바퀴를 달고 자전거를 타고 있습니다. 아이에게 자전거를 가르쳐 본 경험이 있으시다면 왜 이런 차이가 나는지를 이해하실 겁니다. 아이가 페달에 발이 닿을 정도로 키가 크면 과감하게 보조바퀴를 떼고 평지에서 하루 정도만 고생하면 아이는 두발자전거 타는 법을 배웁니다. 한 번 배우면 다음부터는 부모의 생각보다 훨씬 더 능숙하게 자전거를 탑니다. 하지만 부모가 보조바퀴를 떼어내지 않으면 아이는 계속해서 덩치에 맞지 않는 네발자전거를 타게 됩니다.

시우 군은 아버지의 도움으로 슬픔을 대면하고 이것을 극복하면서 성장하고 있다고 생각됩니다. 시우 군을 그저 아기로 보지 않고, 슬픔을 직시하도록 했던 아버지의 믿음 덕분에 시우 군은 무럭무럭 성장할 겁니다.

부모가 기회를 주면 아이들은 부모의 기대보다 훨씬 더 많은 일을 해냅니다. 하지만 기회를 주지 않으면 아이는 그런 부모 때문에 성장하지 못합니다. 부모가 기회를 주고, 아이가 실패가 별것 아니라는 것을 알게 되면 아이는 알아서 나아갑니다. 아이가 경험하는 모든 일이 마찬가지일 거라고 생각합니다. 아이에게 칼질을 가르쳐 주면 초등학생도 김밥을 썰 수 있습니다. 물론 손을 베이는 일이 있을 수도 있습니다. 하지만 주방에서 요리를 하면 어른도 손을 베이고, 화상을 입기도 합니다. 그것은 아이라서가 아니라 누구에게나 있을 수 있는 일입니다. 그리고 아이도, 어른도 한번 실수하고 나면 다음에는 더욱 조심해서 능숙하고 안전하게 요리를 할 수 있습니다.

공부에 관해서는 유독 저를 포함한 부모들의 마음이 불안하고 약해집니다. 저도 고백하자면 우리 아들딸이 스스로 힘든 공부를 해낼 수 있을지 걱정입니다. 7살짜리 꼬맹이를 보면서 수능을 떠올리면 당연히 불안할 수밖에 없다고 생각합니다. 모든 일에는 과정이 필요하겠죠. 부모가 믿어주고, 도와주는 과정을 거쳐서 아이들은 성장할 겁니다. 아이들의 마음속에 있는 우주를 믿고 그 과정을 함께 해야 아이들은 잠재력을 발휘할 수 있을 겁니다. 생각해 보면 부모인 우리도 우리의 부모님들께는 품 안의 자식에 불과했습니다. 하지만 이렇게 커서 자녀들 걱정을 하고 있고, 더 좋은 부모가 되기 위해서 매일 공부하고 있습니다. 우리 아이들도 부모의 믿음 속에서 성장할 것이라고 굳게 믿어 봅니다.

어느 아이나 기회를 부여받으면 두발자전거를 탈 수 있습니다.

아이들에게 기회를 주고 믿어 주는 부모가 필요합니다.

아이에게
진짜 유산을 남긴다

부모라는
무거운 짐

　　부모가 된다는 것은 기본적으로 생물학적인 부모가 되는 것을 의미합니다. 정자와 난자가 결합하여 수정이 형성되고 이것이 자궁 내에서 분열과 발달을 거쳐 배아가 형성되고 자궁벽에 고정이 되면서 임신이 되고 40주의 임신 기간을 거쳐서 태아가 출산됩니다. 우리는 이렇게 아이들의 생물학적인 부모가 되었습니다.

　　부모가 되는 순간 우리에게는 진짜 부모가 되어야 하는 무거운 짐이 더해집니다. 진짜 부모가 아닌 가짜 부모도 있나요? 네, 있습니다. 새로운 생명에 대한 책임 없이 아이를 내팽개치는 부모들을 언론에서 만나게 됩니다. 그들은 가짜 부모입니다. 진짜 부모는 자식과 함께 하는 시간 동안 많은 것을 전해주면서 자식의 삶에 영향을 줍니다. 이 영향력이 엄청나기 때문에 부모가 된다는 것에는 큰 책임이 따릅니다.

부모인 우리가 우리의 부모님들께 받은 영향력을 생각해 보면 부모가 자식의 삶에 미치는 큰 힘을 느낄 수 있습니다. 저는 평생 미술 교사로 재직하신 어머님의 영향으로 교사의 길을 걷게 되었습니다. 그리고 평생 동안 교육 운동, 사회 운동을 하신 아버지의 영향으로 지금 이런 주장을 하는 사람이 된 것 같습니다. 나름 40년 동안 저도 참 부지런하게 살았는데 결국 부모님께서 만드신 붕어빵 틀에서 구워진 붕어빵 한 개에 불과하다는 생각에 허무할 때도 있습니다. 정말 열심히 공부하고, 하루하루 개척하는 마음으로 살았는데, 결과물에 부모님의 영향력이 너무 많이 묻어 있습니다. 여러분의 삶은 어떠신가요? 분명히 어떤 방식으로든 부모님의 영향을 많이 받으셨을 겁니다. 우리도 지금 아이들에게 크나큰 영향을 주고 있습니다.

부모가 된 순간부터 CCTV가 작동이 됩니다. 우리 아이들이 우리를 지켜보고 있습니다. 어떤 말을 하고, 무슨 행동을 하는지를 매일같이 보고 있습니다. 안 보는 것 같은데 다 보고 있습니다. 지금 아이들의 말투, 하는 행동들이 전부 다 부모들에게서 나온 겁니다. 세 살 버릇 여든 간다고 아이들은 이 습성을 그대로 갖고 평생을 살아갈 겁니다. 저는 평생 침대 없이 살았습니다. 그래서 아직도 침대보다는 바닥에서 자는 것이 편합니다. 저의 아버지는 군것질을 좋아하시고 이도 잘 안 닦으셔서 이가 다 썩으셨습니다. 지금 제 모습도 똑같습니다. 과자를 좋아하고 은근히 이를 잘 안 닦습니다. 그래서 저의 어금니는 모조리 썩었습니다. 아버지의 모습이, 어머니의 모습이 저의 미래일 겁니다. 여러분도 그러시죠?

그래서 부모인 우리의 삶은 참 무겁게 느껴집니다. 생물학적인 부모에서 진짜 부모가 되기 위한 교육과 수련의 과정이 필요합니다. 부모 교육이 활성화된 사회가 아니기에 우리는 스스로 좋은 부모가 되어야 합니다. 인간 정승익은 저녁에 TV를 실컷 보고 플레이스테이션(게임기의 일종)으로 밤새도록 게임하며 놀고 싶습니다. 사회적으로 꽤 인정을 받는 지금에도 이런 마음은 아직 남아 있습니다. 그런데 아빠 정승익으로 살아야 하기 때문에 저녁마다 거실에 모여서 책장을 넘깁니다. 애들이 잠든 이후에 게임 한 판 해야겠다고 생각하다가도 애들과 함께 하는 시간 동안 지쳐서 그만 밤에는 잠이 듭니다. 그래서 밤에 게임을 못 합니다. 저의 장롱 속 게임기는 1년에 한 번도 제대로 켜지지 않습니다.

인간 정승익도 부족한데 아빠 정승익으로서는 더 부족하게 느껴집니다. 하지만 우리는 부모가 된 순간부터 큰 책임이 따르기 때문에 도망가면 안 됩니다. 온몸을 던져서 아이들에게 좋은 부모가 되기 위해서 노력해야 합니다. 영화 〈스파이더맨〉에서는 주인공 피터 파커의 현실적인 고민을 다룹니다. 초능력을 가지면 좋을 줄 알았는데 매일 같이 위험을 무릅쓰고 사람들을 구하는 삶이 피곤한 겁니다. 그리고 사람들이 스파이더맨에게 고마워하지도 않습니다. 이런 삶에 회의를 느끼고 슈퍼 히어로 역할을 계속할지를 고민하는 스파이더맨에게 고모부는 조언을 합니다.

"With great power comes great responsibility."

(위대한 힘에는 위대한 책임이 따른다.)

우리가 부모가 되는 순간 자녀의 인생에 큰 영향을 주는 힘이 생겨버렸습니다. 그에 따른 책임까지 우리의 어깨에 얹혀 있습니다. 생각해 보면 우리가 아이들에게는 슈퍼 히어로일 겁니다. 아무것도 없이 맨몸으로 세상에 나온 아이들을 키우는 것은 부모들의 엄청난 힘입니다. 기왕 슈퍼 히어로가 되어야 한다면 그 역할을 해 보고자 합니다. 그리고 그 여정이 부모인 우리의 성장과도 연결되어 있기에 결코 고통스럽지만은 않을 겁니다.

👉 한마디로

부모는 자녀의 출생과 함께 큰 힘과 책임을 동시에 갖습니다.

자녀를 위한 부모의 성장이 필요합니다.

아이가 '중꺾마'를
갖도록 하고 싶다면?

서울아산병원 소아정신과 전문의 김효원 교수님과 한겨레 신문사 주관으로 토크쇼를 진행한 적이 있습니다. 교수님께서 토크쇼에 참여한 부모님들께 질문을 하십니다.

"자녀가 '중꺾마'를 갖도록 하려면 어떻게 하면 될까요?"

중꺾마는 '중요한 것은 꺾이지 않는 마음'의 약자로서 코로나 시달리던 대한민국 국민에게 희망의 메시지를 주기 위해서 만들어진 말입니다. 자녀가 중꺾마를 갖기만 한다면 부모는 걱정이 없을 겁니다. 성적이 낮아도 다시 도전할 것이고, 인생의 역경도 중꺾마의 마음으로 이겨낼 것입니다. 이를 위해서 부모가 무엇을 해야 할까요? 저도 당시에 답을 찾기 위해서 부지런히 머리를 굴렸던 기억이 납니다. 정답은 충격적이었습니다.

"부모가 중꺾마의 마음으로 사는 겁니다."

그렇습니다. 우리 부모들이 중꺾마의 정신으로 살면 자녀들은 그 모습을 보고 배울 겁니다. 자녀들은 부모의 거울이니까요. 당연한 말씀입니다. 하지만 이것을 실천하기란 쉽지 않습니다. 오늘날을 살아가는 부모들은 수없이 많은 교육 정보에 노출되어 있습니다. 국어, 영어, 수학부터 자녀에게 가르쳐야 하는 것이 너무 많습니다. 그래서 우리는 쉽게 불안해집니다. 아이가 수업 내용을 어려워하거나 시험에서 원하는 성적을 받지 못하면 그 불안에 기름을 붓습니다. 불안한 마음을 달래기 위해서 학원에 상담을 신청합니다. 레벨테스트를 보면 당연하게도 우리 아이는 최하위 성적을 기록할 겁니다. 그러면 그 다음은 명확합니다. 학원에 등록하게 됩니다. 운 좋게 정말 좋은 선생님을 만나서 개념뿐 아니라 중꺾마의 정신까지 배울 수 있다면 다행이지만, 그건 알 수 없는 일입니다.

이 상황에서 부모는 중꺾마의 마음을 포기한 겁니다. 아이가 현행을 따라가면 선행을 하는 아이들보다 뒤처지는 것은 당연합니다. 그게 안타까워서, 불안해서 부모가 아이를 학원에 보내는 것은 자신의 불안한 마음이 반영된 것입니다. 그런 부모가 과연 고1 때 원하는 성적이 나오지 않은 자녀에게 중꺾마를 강요할 수 있을까요? 내신 성적이 낮은 아이에게 이겨내라고, 극복할 수 있다고 말할 때 말에 무게가 실릴까요? 이미 초중등 시절 동안에 성적이 낮을 때마다 불안해하면서 학원을 제안했던 부모를 보며 아이들은 중꺾마를 배우지 못했을 겁니다. 그래서 고등에서 그 아이들은 큰 힘을 발휘하기 어렵습니다.

초중등에서 이 현상에 매우 심각합니다. 대한민국 사교육 참여율은 80% 수준이고, 이것이 거의 모두 선행에 집중되어 있기 때문에 현행을 하는 아이들은 앞서가는 아이들을 보면서 불안, 좌절을 느낄 수 있습니다. 자신이 거북이 느림보라고 생각할 수 있습니다. 하지만 그걸 이겨내면 더 큰 것을 얻을 수 있습니다. 바로 중꺾마의 마음입니다.

고등에서 낮은 성적에도 불구하고 대단한 성취를 이루어내는 사례들이 있습니다. 전국의 웬만한 고등학교에는 그런 전설들이 1개씩은 있으니 전국에서 모으면 수천 건의 사례가 있을 겁니다. 고1 때 내신 성적 6등급을 받던 아이가 서울대를 갈 수 있을까요? 네, 그런 사례가 있습니다. 고1 때 수학 내신 6등급을 받은 아이가 학기 말에 1등급을 받을 수 있을까요? 네, 그런 사례도 있습니다. 그리고 전 국민이 아는 김해외고 전교 꼴찌가 수능 만점을 받은 사례가 있습니다. 그 모든 것을 재능이라고 말하는 것은 타당하지 않습니다. 그들은 할 수 있다는 마음으로 꺾이지 않고 계속해서 노력을 퍼부어서 자신들이 원하는 성취를 해냈습니다.

중꺾마는 돈 주고 배우는 것이 아닙니다. 아이가 경험을 통해서 언게 되는 겁니다. 현행을 하면서 아이가 힘들어할 때 응원해주어야 합니다. 그 과정을 해내는 것만으로도 성공이라고 말해주어야 합니다. 그런 과정 끝에 아이가 원하는 성취를 하게 되면 그때는 돈 주고도 살 수 없는 중꺾마의 마음을 얻게 됩니다. 그게 있으면 공부도, 인생도 겁날 것이 없습니다. 될 때까지 꺾이지 않고 도전을 할 테니까요.

저는 현대 사회 가정에 가훈이 중요하다고 생각합니다. 과거에는 집집마다 당연히 있던 가훈이 어느 순간 사라졌습니다. 온통 공부 이야기밖에 없습니다. 공부는 당연히 해야 하지만 가치도 가르쳐야 합니다. 한 집의 가훈을 정한다는 것은 그 집안에서 중요시하는 가치를 아이들에게 가르칠 수 있는 기회이기도 합니다.

저는 저희 집 가훈을 '도전'으로 정했습니다. 인간은 기본적으로 도전을 회피하려고 합니다. 도전 자체가 현재와는 다른 변화를 꾀하는 것인데 인간은 변화를 거부합니다. 그리고 도전은 잠재적으로 실패가 뒤따를 수 있습니다. 그래서 도전은 언제나 겁이 나고 피하고 싶은 대상입니다. 하지만 도전하지 않으면 성장도 없습니다. 도전은 그 자체로도 가치가 있습니다. 성공하게 된다면 자신감이 올라갈 것입니다. 실패를 한다면 회복하는 힘을 익힐 수 있습니다. 일단 도전하면 많은 유익한 부산물들이 생겨납니다. 그래서 일상에서, 여행을 가서 우리 가족은 도전을 해야 한다고 외칩니다. 국내에서는 "도전!"이라고 외치고 해외에서는 "Challenge!"라고 외칩니다. 아이들을 위한 새로운 도전을 계속 찾고 있습니다. 힘들고 성공 가능성이 낮은 도전일수록 더 큰 선물을 안겨줄 겁니다.

부모의 인생은 자녀의 거울이 됩니다.

부모가 중꺾마의 마음을 가지면 아이들도 그 마음을 배웁니다.

무엇을
남길 것인가?

자녀들은 우리와 영원히 함께 하지 않습니다. 결국 부모가 없는 세상에서 아이들은 혼자서 살아야 할 것입니다. 이것은 인간의 숙명입니다. 부모라면 아이들에게 무엇을 남길지를 고민해야 한다고 생각합니다.

1999년 아카데미에서 최우수 외국어영화상과 최우수 남우주연상 두 부문에서 수상하는 등 국제적으로 인정받은 〈인생은 아름다워〉는 1997년에 이탈리아에서 제작된 영화입니다. 이 영화는 이탈리아 감독 로베르토 베니니가 감독하고, 주연도 로베르토 베니니 본인이 맡은 것으로 유명합니다. 영화는 유대인 가족을 다루고 있습니다. 유쾌하고 재치 있는 아빠 덕분에 행복한 나날을 보내던 가족들은 제2차 세계대전이 일어나면서 강제수용소로 보내집니다. 아빠는 아들과 남자 수용소로 엄마는 여자 수용소로 보내집니다. 당시 수용소에서 노인과 어린아이는 죽임을 당했습니다. 아빠는 아들을 살리기 위해서 숨바꼭질을 한다는 거짓말을 합니다. 아들은 숨으면서 수용소에서 살아남습니다. 영화의 마지막에 아빠는 나치군에게 죽임을 당할 위기에 처합니다. 나치군에게 총살을 당하러 가는 길에 아빠는 숨어 있던 아들과 눈이 마주칩니다. 아빠는 아들을 보면서 윙크를 하고 우스꽝스러운 걸음걸이로 죽음을 향해서 걸어갑니다. 아빠는 나치군에게 총살을 당하고 전세가 기운 나치군은 모두 수용소에서 도망칩니다. 혼자 숨어 있던 아들이 밖으로 나왔을 때 연합군 탱크가 텅 빈 강제수용소로 들어옵니다. 아들은 탱크를 타고 기뻐합니다. 그리고 영화의 마지막에 아들의 대사가 이어집니다. 이 이야기는 아버지가 남겨 주신 유산에 대한 이야기라고 말합니다.

아빠는 곁에 없지만 아들에게 위대한 사랑의 정신을 유산으로 남겼습니다. 강제수용소에서 아들을 지키기 위해서 초인적인 용기를 보여주었습니다. 죽으러 가는 길에도 아들을 위해서 웃으면서 걸어갔습니다. 이 아들은 아빠가 남겨 주신 유산을 받았기에 잘 살 것이라고 생각합니다. 아빠가 목숨을 걸고 지켜 준 생명이기에 가족을 사랑하고 사회에 기여하면서 잘 살 것이라고 확신합니다. 아빠는 곁에 없지만 부모로서 자식에게 소중한 것을 알려 주고 물려 주었습니다. 이것이 진정한 유산이겠죠.

결국 부모는 자식들에게 기억으로 남게 됩니다. 여러분의 부모님은 어떤 분이셨나요? 저의 어머니는 가족을 위해서 평생 헌신하신 분이셨습니다. 시어머니를 모시면서 가족의 생계까지 책임지시며 손이 발이 되도록 일하고 희생하셨습니다. 제가 어른이 되어서 주변보다 성실하다는 평가를 받는 것에는 어머니의 영향이 분명히 있을 겁니다. 아버지는 공부를 정말 잘하셨던 분인데 저에게는 공부하라고 말씀하지 않으셨습니다. 공부를 잘해서 그런 것은 아니니 안

심하시고요. 저는 결국 아버지가 졸업하신 대학교에 가지 못했답니다. 아버지도 기대치가 있으셨을 텐데 아버지는 한 번도 공부하라고 하지 않으셨습니다. 아버지는 고등학교 때 제가 야간자율학습을 할 때 학교를 정말 자주 오셔서 야자를 빼주셨습니다. 가족회의를 한다는 말도 안 되는 거짓말로 선생님을 설득하시고는 저에게 돈가스를 사주시고, 사직구장에 가서 롯데의 야구경기도 보여주셨습니다. 그때는 잘 몰랐지만 지금 아빠가 되어서 생각해 보면 참 눈물 나는 일입니다. 존경스러운 일이고요. 아들이 공부로 기대에 못 미치는데 오히려 용기를 주시고 응원해주셨으니까요. 그래서일까요. 저도 아이들에게 공부하라고 하지 않습니다. 저는 평생을 공부하는 사람이지만, 모범은 보일지언정 잔소리를 하고 싶지 않습니다. 어쩌면 제 마음속에 아버지처럼 자식들에게 멋있게 기억되고 싶은 마음이 있는 것 같습니다.

 한마디로

자녀들과 부모는 영원히 함께할 수 없습니다.
자녀들이 기억할 부모의 유산을 고민해야 합니다.

가짜 유산, 진짜 유산

물질적으로 자녀에게 물려주는 것은 사실 자녀

들이 두고두고 부모에게 고마워하지 않을 거라 생각합니다. 아이들에게 생일 때, 어린이날, 크리스마스에 크고 작은 선물들을 매년 참 많이도 사줬지만 아이들은 선물을 받을 때만 부모에게 감사함을 표시합니다. 하루만 시간이 지나도 선물의 효과가 떨어지는 것을 경험하셨을 겁니다. 부모로서 자녀에게 더 크고 소중한 것들 물려줄 수 있다고 생각합니다. 부모가 자녀에게 전해줄 수 있는 2가지 유산의 종류를 생각해 봅시다.

- **문화적 가치와 유산**: 가족의 문화적 전통, 가치관, 언어, 종교 등이 포함됩니다. 이러한 문화적 가치와 유산은 자녀들의 정체성과 가치관 형성에 영향을 미치며, 가족 간의 유대감과 연결을 형성하는 데 중요합니다.
- **정서적 유산**: 사랑, 관심, 지지, 친밀한 관계 등이 포함됩니다. 부모가 자녀들에게 제공하는 사랑과 정서적 지지는 자녀들의 정서적 안녕과 자아 존중감에 큰 영향을 미칩니다.

과거에 가훈을 정하던 것이 문화적 가치와 유산에 해당할 겁니다. 우리 가족이 중요시하는 가치와 전통을 가훈으로 정한 것은 분명 자녀들에게 영향을 미칩니다. 저희 집 가훈은 '매일 같이 나아지자'였습니다. 어릴 때는 이 가훈의 의미가 어렵게 느껴져서 완전히 이해를 못했던 걸로 기억합니다. 하지만 살아갈수록 이 가훈이 저의 인생에 스며 있는 것을 느낍니다. 제가 영어 강사로 활동하다 보면 여러 면에서 저보다 뛰어난 분들을 만날 수밖에 없습니다. 이는 당연합니다. 하지만 저는 어제의 저보다 나아지는 것을 목표로 묵묵히 공부하고 연구합니다. 비교하면 저는 쪼그라들고 좌절할 겁니다. 저희 집 가훈이 저에게 큰 힘이 되었습니다. 이제 우리 집의 가훈을 생각할 때입니다. 바쁜 현대 사회에 가훈이 없이 살다 보면 사회에 휩쓸리기 쉽습니다. 우리 가정이 소중하게 여기는 가치는 반드시 아이들에게 전해 주어야 합니다.

정서적 유산은 아이들의 인생에 가장 큰 영향을 줍니다. 성공한 이들 중 다수가 부모님의 정서적 지지를 받았음을 말합니다. 저는 아빠로서 거대한 목표가 있습니다. 우리 아이가 공부를 못해도 변함 없이 사랑하는 겁니다. 공부를 잘하는 자녀의 성취에 기뻐하고 그런 자녀를 사랑하는 것은 어느 부모나 큰 노력 없이 할 수 있는 일입니다. 공감하시나요? 아이가 공부를 어려워할 때, 노력한 만큼 결과가 나오지 않을 때, 인생에서 좌절을 겪을 때 부모의 역할이 더욱 커집니다. 남자들은 보통 군대에 가면 그렇게 엄마, 아빠 생각이 납니다. 힘든 시기에 부모님이 간절히 생각이 나는 겁니다. 여자들은 출산 후에 엄마의 도움을 필요로 합니다. 인생에서 처음 겪게 되는 일로 혼란스럽고 힘이 들 때 부모가 생각나는 겁니다. 저도, 여러분도 이런 과정을 겪었을 겁니다. 이제 부모가 된 우리들을 자녀는 자신이 힘든 시기에 필요로 할 겁니다. 저는 우리 아이가 공부를 못할 때에도 사랑할 준비를 하고 있습니다. 변함 없이 사랑하고, 용기를 주려고 합니다. 솔직히 마음의 준비가 필요합니다. 준비하지 않으면 본능대로 대응하게 될 것이고, 저 또한 실망하고 불안해할 겁니다.

만약 우리 아이가 거북이라면 저는 거북이 아빠가 될 준비를 합니다. 자녀가 토끼라면 토끼 아빠를 하면 되겠지요. 자녀가 거북이인데 부모가 토끼이면 얼마나 이상합니까. 거북이와 토끼는 가족이 될 수 없습니다. 저는 우리 아이에게 맞는 아빠의 모습으로 살 준비를 합니다. 세상에 공부를 못하고 싶고, 인생에서 성취를 원하지 않는 사람이 있을까요? 여러 가지 이유 때문에 원하는 것을 얻지 못하는 일은 우리 자녀의 인생에 수도 없이 생길 겁니다. 그때에 부모가 어떤 정서적 지지를 해 주느냐에 따라서 부모가 영웅이 되기도, 원수가 되기도 할 겁니다.

특히 공부에 있어서는 대한민국의 입시 환경을 고려하면 인서울 명문대라는 관문을 통과하는 것이 너무나 힘든 일이기에 저는 더더욱 마음의 준비를 강하게 합니다. 제 인생은 토끼처럼 살았지만, 거북이가 될 준비를 반쯤은 하고 있답니다. 거북이면 어떤가요. 거북이도 토끼랑 비교하지 않는다면 느리지도, 미련하지도 않답니다.

👆 한마디로

물질적 유산보다 문화적, 정서적 유산이 중요합니다.
부모의 정서적 지지는 아이들의 삶에 전해주는 큰 유산입니다.

도서관의
기억

"어머니가 늘 책을 읽어주셨고 도서관에도 데리고 다니셨기 때문에 도서관이 내 놀이터였다. 눈을 뜨면 항상 읽을 책이 있었고, 그 덕분에 공부도 책 읽기처럼 자발적으로 했던 것 같다."

- 2016학년도 수능 만점자 강도희 학생

"어머니가 다 읽은 책 표지에 스티커를 붙여놓도록 유도하셨는데, 읽은 책과 안 읽은 책을 구분해두니 그것이 동기부여가 돼서 '책장에 있는 책 전부에 스티커를 붙이고 싶다'는 생각에 책을 다 읽어야겠다는 결심이 들었다."

- 2016학년도 수능 만점자 서장원 학생

"어렸을 적 책에 나오는 그림을 보면서 이야기를 추론하는 게 친구들과 노는 것보다 재밌었으며 공부할 때도 큰 도움이 됐다."

- 2018학년도 수능 만점자 윤도현 학생

수능 만점자들의 인터뷰에 어김 없이 등장하는 것이 책, 독서 이야기입니다. 카이스트 대학 바이오 및 뇌공학과 교수인 뇌과학자 정재승 교수님의 집이 SBS의 예능 프로그램 〈집사부일체〉에서 공개된 적이 있습니다. 그는 딸 3명의 아버지이기도 합니다. 방송을 통해서 공개된 그의 집은 주택이었는데, 집의 2층은 책이 가득했습니다. 2층 벽 전체가 책으로 가득했고, 2만여 권의 책을 소장하고 있다고 합니다. 벽면에 책이 가득하고, 넘치는 책들이 바닥에 가득합니다. 이 많은 책을 소장하기 위해서 특별히 건축가분께 부탁을 해서 설계를 통해 지은 집이라고 합니다. 이런 공간에서 자란 아이는 책을 좋아하겠죠? 태어난 순간 2만 권의 책에 둘러싸였으니까요.

현대인들의 문해력이 저하되고 있는 것을 걱정하는 목소리가 높아집니다. 저도 스마트폰을 한창 쓰다 보니, 글을 읽을 때 이해력이 떨어지는 것이 느껴집니다. 부모 세대는 책으로 정보를 익히던 시대를 살았음에도 불구하고 현대 문명과 영상들의 공격으로 문해력이 떨어지고 있습니다. 자녀 세대는 태어나면서부터 스마트폰을 접하는 세대입니다. 부모 세대와는 차원이 다르게 스마트폰을 흡수합니다. 그들의 문해력은 떨어질 수밖에 없습니다. 역설적으로 자녀들이 치러야 하는 수능 시험은 과거보다 더 어려워졌습니다. 아이들의 문해력은 떨어졌는데 더 높은 수준의 문해력을 요구하니 아이들은 어려움을 겪을 수밖에 없습니다.

이런 환경에서 아이들을 지키기 위해서는 독서하는 부모가 필요합니다. 정재승 교수님처럼 책으로 가득한 주택을 지을 필요는 없습니다. 더 많은 책이 있는 도서관을 내 집처럼 드나들면 됩니다. 전국의 도서관에 강연을 하러 갈 때마다 많이 놀랍니다. 과거보다 가장 발전된 시설이 도서관이라고 생각될 만큼 전국에는 멋진 도서관들이 다수 존재합니다. 수도권과 지역이 거의 차이가 없습니다. 오히려 지역에 더 크고 멋진 도서관들이 소재하고 있습니다. 도서관에서 아이들과 책을 보고 대화를 하고, 공부하는 것만으로도 문해력 문제는 기본적으로 해결이 가능합니다.

문해력 문제를 공감하면서 불안에 떨었던 부모님들께서는 아이들 손을 잡고 도서관에 가는 것만으로도 웬만한 문제를 다 해결할 수 있습니다. SNS에서 책으로 가득한 집을 보면서 부러우셨던 분들도 도서관에 가시면 모든 문제가 한 방에 해결됩니다. 도서관은 자녀들에게 다양한 긍정적인 영향을 줄 수 있습니다. 다음은 도서관이 자녀들에게 제공하는 주요 긍정적인 영향들입니다.

- **독서 습관 형성**: 도서관은 독서 습관을 기르기 위한 최고의 환경을 제공합니다. 다양한 책들이 있고, 독서에 열중하는 사람들의 모습이 있습니다. 도서관을 자주 방문하는 것 자체가 독서 습관으로 이어질 가능성이 높습니다.
- **관심의 확장**: 자녀들의 진로를 위한 관심사를 도서관의 책을 통해서 발달시킬 수 있습니다. 자녀들이 원하는 책을 마음껏 빌려주세요. 그 책들을 찾는 과정을 통해서, 꾸준히 대출을 하면서 자신의 꿈도 무럭무럭 자랄 겁니다.
- **상상력과 창의력 증진**: 다양한 이야기와 주제의 책들을 접하면서 자녀들은 상상력과 창의력을 키울 수 있습니다. 이는 미래에 문제 해결 능력과 혁신적 사고를 발휘하는 데 도움이 됩니다.
- **가족과의 유대감 강화**: 도서관을 함께 찾는 부모와 자녀는 그곳에서 소중한 추억을 만들 겁니다. 엄마, 아빠와 함께 손잡고 찾은 도서관의 기억은 평생 자녀들의 머릿속에 함께 할 겁니다.

저도 어린 시절 부산에서 부모님과 도서관에서 함께 했던 추억이 강렬하게 있습니다. 그 당시는 도서관이 많던 때가 아니어서 지하철을 타고 도서관을 찾아갔었습니다. 하루 종일 원하는 책을 보고, 점심시간에는 부모님께서 라면을 사주셨습니다. 평소에 집에서는 할머니를 모시고 사느라 라면을 먹을 일이 별로 없었는데 그 당시에 먹는 라면이 그렇게 맛있었습니다. 너무 맛있어서 아직도 기억이 날 정도입니다. 아이들이 도서관 가는 것을 힘들어한다면 맛있는 것을 꼭 사주세요. 도서관에 자주 방문하면 책을 척척 읽는 아이가 되지 않더라도 스마트폰이나 게임에 중독될 가능성이 엄청나게 줄어들 겁니다.

 한마디로

아이와 도서관을 최대한 자주 이용하세요.

도서관을 자녀와 방문하는 것은 문해력뿐 아니라 다방면에 도움이 됩니다.

아이들의 더 나은 미래를 위해서

올해 언론 보도를 통해서 접하게 되는 사건들은 유독 충격적입니다. 이유도 없이 흉기로 시내 한복판에서 난동을 피우고, 차를 몰고 관련도 없는 사람에게 중상을 입히는 일들이 벌어집니다. 학교에서도 사회에서도 상식적으로 이해하기 힘든 일들이 일어나고 있는 날들입니다. 과거에는 없던 일들이 벌어지고 있다면 분명히 원인이 있을 겁니다. 혹시 우리 기성세대들이 자녀들을 괴물로 키우고 있는 것은 아닐까요?

2023년 서울의 한 초등학교에서 신규교사가 스스로 목숨을 끊은 사건 이후 다수의 학부모 민원에 대한 제보가 이어졌습니다. 해당

사건은 조사 중이지만, 제보된 학부모들의 민원 내용은 그야말로 상식 밖이었습니다. 저도 교직에 있으면서 이미 잘 알고 있는 일이었지만 전국에서 그 사례를 모아 보니 우리 사회에서 일어나고 있는 상식 밖의 일들과 연결성이 느껴질 정도였습니다.

부모로서 우리 아이가 입시에서의 경쟁에서 이겨야만 한다고 생각을 하고, 그것만을 목표로 해서 아이를 키우면 아이는 정말 괴물로 자랄 수도 있습니다. 치열한 경쟁에서 원하는 성취를 한 자신은 그렇지 못한 이들보다 우월하다고 느낄 수도 있지 않을까요? 우리 사회를 위해서 공부에 대한 재능이 있고, 역량이 뛰어난 아이들일수록 더 잘 가르쳐야 합니다.

이미 이를 인지하고 인재들에게 공부 너머의 것을 강조하는 학교들이 있습니다. 미국의 필립스 아카데미Phillips Academy는 매사추세츠주 앤도버에 위치한 사립 고등학교로서 미국에서 가장 역사가 깊은 명문 고등학교 중 하나입니다. 이 학교는 미국 대통령과 다수의 노벨상 수상자를 배출하기도 했습니다. 이 학교의 모토는 'non sibi'입니다. 이는 '자기 자신을 위하지 않음' 정도로 번역되는 라틴어입니다. 세계 최고의 명문 학교는 자기 자신만이 아닌 다른 이들과 사회를 위해서 봉사하는 삶을 강조합니다. 이 학교의 재학생들은 각 분야의 리더가 될 가능성이 높습니다. 그럴수록 그들에게는 타인에 대한 배려와 기여하는 삶이 중요할 것입니다. 그리고 그런 믿음을 바탕으로 그들은 힘든 공부를 이어나갈 수 있을 겁니다.

우리 사회가 모두에게 탁월함을 강요하기보다는 개인이 추구하는 다양성이 인정되면 좋겠습니다. 서로 다른 다양성들에 대해서 공감하고 존중하면서 서로 공동체에 기여할 방법을 궁리하면 좋겠습니다. 자녀 세대에 이런 생각을 하는 개인들이 늘수록 미래 사회의 모습은 밝아질 겁니다.

대한민국은 세계가 인정하는 '한강의 기적'을 만들어낸 나라입니다. 우리는 세계 그 어느 나라보다도 빠르게 발전했습니다. 기성세대로서 우리 자녀들이 살아갈 시대에도 대한민국이 발전을 계속할 수 있는 뿌리가 되는 가치를 아이들에게 가르치고 있는지를 고민할 때가 된 것 같습니다. 지금 가정과 학교에 경쟁에서 앞서가는 것 외에 어떤 소중한 가치를 전하고 있는지를 모두가 고민을 해야 합니다. 이것은 우리 아이들과 아이들이 살아갈 20년 후의 세상을 위해서 너무나 중요한 일이라고 생각합니다. 과거에는 없었던 학교 현장에서 일어나는 문제들, 우리 사회에서 일어나는 강력 범죄들을 볼 때 고민의 필요성이 더 크다고 느낍니다.

아이들이
행복하길 원하시죠?

대한민국 사람들에게만 있는 특유의 정서가 있다고 생각합니다. 우리는 뭐든지 열심히 합니다. 특히 가족들끼리 서로의 삶에 깊이 관여합니다. 약간의 고정관념을 동원하면 영화나 드라마에 등장하는 전형적인 한국의 어머니상은 어떤가요? 연기자 고두심, 김혜숙 씨로 대표되는 한국 어머니들의 삶은 짠합니다. 그 짠함은 가족, 자녀들을 위한 희생에서 비롯된 겁니다. 이런 정서가 자녀 교육에 잔뜩 반영이 되어 있는 것 같다고 느낍니다. 요즘 부모님들은 자녀가 행복하기를 바라는 마음으로 자녀 교육에 열을 올리고 있습니다.

이제 자녀가 성공해서 부모를 부양하는 시대는 끝이 났음을 우리 부모들은 잘 알고 있습니다. 지금 자녀에게 투입되는 비용을 절대로 회수할 수 없을 겁니다. 그럼에도 자녀의 교육에 투자를 하고, 좋은 것만 해 주고 싶은 것은 자녀가 행복하기를 바라기 때문입니다. 자녀가 공부를 잘해야 인생이 행복할 거라고 생각해서 어린 나이에서부터 다양한 교육을 시킵니다. 성적이 낮으면 같이 머리를 싸매고 고민을 합니다. 자녀가 공부를 안 하면 사랑하지만 쓴소리도 마다하지 않습니다.

여기서 우리는 잠시 멈추어 생각해야 합니다. 부모로서 우리는 자녀가 행복하기를 바라고 있습니다. 그렇다면 우리 자녀는 지금 행복한가요? 아니면 미래에는 행복할까요? 여러분은 행복하십니까? 행복하다는 것은 주관적 감정일 겁니다. 나의 삶이 꽤 괜찮다는 느낌 또는 자신이 원하는 삶을 살고 있다는 생각 등 여러 가지가 행복하다는 느낌을 형성할 겁니다.

지금 부모인 여러분의 삶은 행복하신가요? 왜 행복하다고 느끼시나요? 여러분이 일상에서 행복을 찾을 수 있는 사람이기 때문일 겁니다. 또는 여러분은 주체적으로 인생을 살고 계셔서 만족스러우셔서 그러실 겁니다. 또는 주변에 기여하는 삶을 살고 있기 때문에 인생이 가치 있어서 그럴 겁니다. 그렇다면 자녀도 행복하기 위해서는 그런 삶을 배워야 합니다. 아이들이 행복하기 위해서는 이렇게 자라야 할 겁니다.

- 일상에서 행복을 주관적이라고 느낄 수 있어야 합니다.
- 주변과 비교하지 않는 삶을 살아야 합니다.
- 매일의 삶에 감사할 수 있어야 합니다.
- 자신의 삶에 목적이 있어야 합니다.
- 자신이 추구하는 바를 향해서 살아야 합니다.
- 자신의 삶이 주변에 기여를 하면 더욱 행복합니다.

행복의 본질은 자신이 행복을 정의하고 주관적으로 행복하다고 느껴야 한다는 것 아닐까요? 부모가 정의한 행복의 기준에 맞추면 아이들은 행복하지 않습니다. 공부를 잘해야 행복할 것이라는 것은 자녀 이전에 부모가 정의한 인생의 행복 조건입니다. 자녀는 전혀 동의하지 않았을 수 있습니다. 자녀에게 공부를 시키는 과정이 행복하지 않을 수 있습니다. 심하면 공부를 잘하고도, 입시에서 원하는 성취를 하고도 아이들은 우울감을 느낍니다.

교육에 답이 없다지만 부모 세대가 지금 질문 자체를 잘못하고 있다는 느낌마저 듭니다. 지금 교육 현장을 보면 '어떻게 하면 공부를 잘해서 원하는 성적을 받을까?'에 집중하고 있는 생각이 듭니다. 이 질문에 집중해서는 자칫 본질을 놓칠 수 있습니다. 세상 모든 부모는 자녀가 행복한 인생을 살기를 바랄 겁니다. 그렇다면 우리는 질문을 바꾸어야 합니다. 그리고 이 답 없는 문제에 도전하는 가정들이 더 많아지기를 바라봅니다.

"어떻게 하면 우리 아이가 행복할까?"

학생들의 진짜 인생이 시작되길
간절히 바랍니다

〈루시〉라는 영화가 있습니다. 마블 영화의 블랙위도우 역으로 유명한 스칼렛 요한슨 주연의 영화입니다. 영화 속에서 여주인공은 일련의 사건에 휘말리면서 특정 약물을 몸에 주입하게 되고 이 약물의 효과로 자신의 두뇌 능력을 100%까지 쓰게 됩니다. 인간은 두뇌의 1%만을 사용한다는 설이 있습니다. 과연 이 능력을 100% 발휘하게 된 인간은 어떤 모습일지를 영화는 흥미롭게 다루고 있습니다. 영화의 마지막에 자신의 두뇌를 끝까지 사용하게 된 주인공은 USB가 됩니다. 전지전능한 능력을 갖추게 된 주인공은 자신이 알게 된 인류의 태초부터의 비밀을 정리하여 후손들에게 남기고 모습을 감춥니다. 이 영화의 결말은 제 인생에 큰 영향을 주었습니다.

우리가 열심히 사는 것은 분명 두뇌의 힘을 더 쓰는 것입니다. 더 큰 역량을 갖춘 사람이 되기 위해서 현대인들은 개미처럼 하루하루 열심히 살아갑니다. 저도 그중의 한 명입니다. 저는 그 목적이 스스로 궁금했습니다. 일단 열심히 살아야 될 것 같아서 제 능력의 한계까지 노력하며 살고 있는데 무엇을 위해서 이렇게 사는 것인지 궁금했습니다. 그때 〈루시〉라는 영화의 결말을 보고 느꼈습니다. 성장한 사람이 할 수 있는 궁극적인 역할은 후손들에게 가치 있는 것을 남기는 겁니다.

이 책 내내 스마트폰에 대한 염려를 나타냈지만 저는 스티브 잡스를 존경합니다. 그는 짧은 생을 통해서 인류의 문명을 바꿀 수 있는 힘을 가진 물건들을 발명했습니다. 세상은 이렇게 후손들을 위한 큰 목적을 가진 이들에 의해서 움직인다고 생각합니다.

저는 그 정도의 힘은 없기 때문에 여러분들을 통해서 저의 꿈을 실현하고자 합니다. 여러분들이 원하는 것을 찾고, 잠재력을 끝까지 실현한다면 우리 사회, 더 나아가 세계에 영향을 주는 인물이 될 것입니다. 지금 원하는 성적도 안 나와서 답답한데 꿈같은 목표라고 생각하면 안 됩니다. 어떤 성공한 인물도 처음부터 대단한 사람은 아니었습니다. 어떤 목표를 갖고 얼마나 치열한 노력을 기울였느냐에 따라서 이후의 삶이 달라진 겁니다. 그렇게 믿고 여러분들이 최선을 다하면 좋겠습니다. 그래서 훌륭한 사람이 되어서 여러분 스스로 만족스러운 삶을 살면서 우리 사회에 기여하면 좋겠습니다. 이 책에서 제시한 비전과 방법들이 여러분의 꿈을 실현하는 것에 작은 도움이 되면 좋겠습니다.

"저도 불안하지만 궁금합니다."

부모님들께는 공감과 위로의 정서를 전합니다. 저는 두 아이의 아빠입니다. 이런 책을 썼다고 해서 다른 부모님들보다 교육에 대단한 확신이 있거나 거창한 계획이 있는 것이 아닙니다. 저 또한 수많은 교육 정보 속에서 혼란스럽고 불안하고 부모로서의 삶이 쉽지 않다고 매일 느낍니다.

제가 가장 불안하면서도 궁금한 지점은 초등학교 고학년에 들어선 저의 아들이 과연 입시를 위한 공부를 스스로의 힘으로 잘 해낼지입니다. 당연히 불안합니다. 하지만 궁금하기도 합니다. 제가 이 책에서 말한 본질을 지켰을 때 과연 아이가 힘있게 공부를 할 수 있을지 없을지 그 결말이 궁금합니다.

'과정의 성공은 정말 없는 것일까?'가 저의 요즘 고민입니다. 세상은 결과의 성공만을 지켜봅니다. 공부로 따지면 고등학교에서 1등급을 받고, 인서울 명문대에 진학하고, 의대에 합격하는 것을 성공이라고 말합니다. 이것이 성공임은 분명하지만, 그 성공의 기준이 가혹할 정도로 높습니다. 전교에서 1등급은 상위 4%만이 달성할 수 있습니다. 1등급이 성공의 기준이라면 필연적으로 96%의 가정은 패배하게 됩니다. 인서울 명문대만을 성공이라고 간주하면 전국의 90% 이상의 가정이 패배합니다. 저는 이 패배를 인정할 수 없습니다. 그리고 이 과정에서 아이들의 마음이 다치고, 정서의 성장판이 닫힌다고 생각합니다. 그래서 저는 결과가 아닌 과정의 성공을 바라보려고 합니다.

2022년 6월 반 클라이번 콩쿠르에서 우승을 한 임윤찬 씨는 우승 이후에 언론사와의 인터뷰에서 자꾸 묘한 말을 합니다.

"잘나가는 피아니스트가 되기 정말 싫다."

"산에 들어가서 피아노만 치며 살고 싶다."

"콩쿠르 우승이 기쁘지 않다."

처음 들으면 이상하게 들리는 이 말들은 임윤찬 씨가 생각하는 성공의 기준을 생각해 보면 이해할 수 있습니다. 임윤찬 씨는 피아노를 더 잘 치는 것, 더 높은 경지의 연주를 하는 것을 목표로 하고 있습니다. 그렇다면 콩쿠르 우승을 한다고 해서 실력이 저절로 느는 것은 아니니 뛸 듯이 기뻐할 이유가 없습니다. 우승으로 인해서 바빠진 일정 때문에 연습을 못 하면 실력을 키우기 위한 연습 시간이 줄어들 것입니다. 그러니 유명해지기보다는 산속에 들어가서 연습을 하고 싶은 마음이 드는 겁니다. 그는 과정에서 발전하는 것을 목표로 하고 있습니다. 그 목표 하나로 하루 6시간이 넘는 연습량을 수년간 유지하면서 발전하고 또 발전해 왔습니다. 그가 결선에서 연주한 〈라흐마니노프 피아노 협주곡 No.3〉는 연주 시간만 45분에 달합니다. 이 무대를 위해서 도대체 얼마나 많은 시간 동안 피땀 흘려 노력을 했을까요.

결과의 성공만을 바라보는 삶보다 과정에서 성장하는 삶을 저의 아이들에게 소개하고 싶습니다. 입시에서의 성공이라는 결과만 바라보면서 불안해하고, 남들보다 앞서가기 위해서 경쟁하며 살기보다는 일상에서의 모든 경험을 흡수하며 성장하고 싶습니다. 아이도 성장하고, 부모인 저도 성장하고 싶습니다.

과정에서 성장하는 것을 목표로 한다면 모든 가정에 생기가 돌

것이라고 생각합니다. 남들보다 뒤처질까 봐, 또는 앞서가기 위해서 하루하루 초조하게 지내는 것이 아니라 모든 경험이 양분이 되어 매일 성장할 수 있을 겁니다. 그리고 그렇게 보낸 자녀와 함께 하는 20여 년은 자녀의 인생에도 부모의 인생에도 아름다운 동행으로 기억될 것이라고 확신합니다.

과정에서의 성장을 목표로 하며 힘있게 자녀와 동행하는 가정이 더 늘기를 바랍니다. 저도 함께 하겠습니다.

정승익 드림

진짜 공부 가짜 공부

ⓒ 정승익 2023

초판 1쇄 인쇄 2023년 10월 18일
초판 1쇄 발행 2023년 10월 27일

지은이	정승익
편집인	정윤아
책임편집	권민창
디자인	지완
책임마케팅	윤호현, 김민지, 정호윤
마케팅	유인철
제작	제이오
출판총괄	이기웅
경영지원	박상박, 박혜정, 최성민

펴낸곳	㈜바이포엠 스튜디오
펴낸이	유귀선
출판등록	제2020-000145호(2020년 6월 10일)
주소	서울시 강남구 테헤란로 332, 에이치제이타워 20층
이메일	mindset@by4m.co.kr

ISBN	979-11-93358-10-8(13590)

마인드셋은 ㈜바이포엠 스튜디오의 출판브랜드입니다.